油茶产业发展
实用技术

国家林业和草原局科学技术司　编

中国林业出版社
China Forestry Publishing House

图书在版编目（ＣＩＰ）数据

油茶产业发展实用技术 / 国家林业和草原局科学技术司编. -- 北京 ：中国林业出版社，2023.9

ISBN 978-7-5219-2312-4

Ⅰ.①油…Ⅱ.①国…Ⅲ.①油茶—栽培技术—手册Ⅳ.① S794.4-62

中国国家版本馆 CIP 数据核字 (2023) 第 158874 号

责任编辑　何鹏　于晓文
封面设计　睿思视界

出版发行　中国林业出版社
　　　　（100009，北京市西城区刘海胡同 7 号，电话 010-83143543）
电子邮箱　cfphzbs@163.com
网　　址　www.forestry.gov.cn/lycb.html
印　　刷　三河市双升印务有限公司
版　　次　2023 年 9 月第 1 版
印　　次　2023 年 9 月第 1 次印刷
开　　本　787mm×1092mm　1/16
印　　张　13
字　　数　300 千字
定　　价　98.00 元

油茶产业发展实用技术

油茶产业发展

实用技术

序

　　发展油茶产业，是树立和践行大食物观、构建多元化食物供给体系、提升我国食用植物油供给能力、保障国家粮油安全的重要举措，也是新时代林草行业的一项重大任务。

　　习近平总书记高度重视油茶产业发展，关注全产业链的整体发展问题，要求加强茶油产业调研，努力把产业做强做大，走出一条促进经济发展、农民增收、生态良好的发展路子。习近平总书记的系列重要讲话，为油茶产业发展指明了方向、提供了基本遵循。

　　党中央、国务院就油茶产业发展作出了一系列重大决策部署。《中共中央 国务院关于做好 2023 年全面推进乡村振兴重点工作的意见》（2023 年中央一号文件）明确提出，支持木本油料发展，实施加快油茶产业发展三年行动，落实油茶扩种和低产低效林改造任务。2022 年，国家林业和草原局、国家发展改革委、财政部联合印发《加快油茶产业发展三年行动方案（2023—2025 年）》。同年，自然资源部、国家林业和草原局联合发布《关于保障油茶生产用地的通知》。随着一系列支持和加快油茶产业发展的政策措施相继出台，油茶产业迎来了快速发展的战略机遇期。预计到 2025 年年底，我国油茶种植面积将达到 9000 万亩，茶油产能将达到 200 万吨。

　　油茶产业的高质量发展离不开科技的有力支撑。必须始终坚持科技是第一生产力、创新是第一动力，真正用科学技术赋能油茶产业发展。只有不断加强油茶全产业链关键技术攻关，努力突破油茶产业发展的技术瓶颈，才能全面提高油茶基地质量、提升茶油产能，改善茶油质量提高竞争力，延长产业链增加经济效益，使油茶产业成为增加农民收入、巩固脱贫攻坚成果、促进乡村振兴的朝阳产业。

大力推广管用、实用、好用的新技术，是实现油茶产业高质量发展的有效途径。国家林业和草原局科学技术司历来重视油茶产业发展的科技支撑工作，根据不同阶段的需求，遴选推广适用技术，组织专家出版了一系列专项技术手册和读本，助力油茶产业健康发展。为深入贯彻落实习近平总书记关于油茶产业发展重要指示精神和党中央、国务院关于油茶产业发展的重大决策，按照国家林业和草原局党组统一部署，国家林业和草原局科学技术司组织专家编写了《油茶产业发展实用技术》，内容涵盖从良种繁育到产品精深加工的全产业链，以图文并茂、通俗易懂的方式为广大基层科技人员和林农、林企等一线生产者提供科学实用的技术指导。这本实用技术的出版，对于加强油茶产业发展的科技支撑，助力油茶产业发展三年行动方案的实施，推动油茶产业高质量发展，具有十分重要的意义。

中国工程院院士

2023年8月

前 言

　　科技创新是油茶产业高质量发展的重要驱动力和支撑力。近年来，广大油茶科技工作者认真贯彻落实习近平总书记关于油茶产业发展重要指示精神和党中央、国务院关于油茶产业发展的重大决策，按照国家林业和草原局党组统一部署，持续不断地开展科技创新，经过不懈努力和艰辛探索，在油茶良种选育、丰产栽培、采收装备、加工利用和质量控制等方面取得了一批具有世界领先水平的技术成果。

　　为进一步支撑油茶产业发展，国家林业和草原局科学技术司组织中国林业科学研究院、中国油茶科创谷、中南林业科技大学等单位的知名专家，结合当前油茶产业发展的实际需求，以面向基层、服务一线为宗旨，坚持实用性、系统性、通俗性、可操作性原则，汇集既有科技创新成果，编写了《油茶产业发展实用技术》。

　　《油茶产业发展实用技术》共分为6编18章，按照油茶全产业链各个环节的生产顺序，系统介绍油茶良种生产技术、油茶高效栽培技术、油茶病虫害防控技术、油茶综合利用技术、油茶产业技术装备和油茶栽培品种等实用技术，以期为解决油茶产业发展中的难点、焦点、重点问题提供切实可行的技术手段，为推动油茶产业高质量发展贡献力量。

本书编委会

2023年6月

油茶产业发展

实用技术

目 录

油茶良种生产技术

油茶良种生产是指利用良种基地大量繁殖油茶良种穗条和良种苗木的生产过程。油茶良种生产基地主要有油茶良种穗条生产专用采穗圃和油茶良种苗木定点生产苗圃。油茶良种的选择使用和正确的繁殖方法是实现良种效益最大化的手段。良种生产的主要任务就是为油茶丰产林营造培育优质壮苗。优质是指良种的纯正性，决定于采穗圃的良种质量；必须选用最适合当地发展的优良品种营建油茶良种采穗圃，利用纯正优质的良种穗条和无性繁殖技术生产良种苗木。壮苗是指培育良种苗木的相关生长指标必须达到相应的规格，决定于油茶良种苗木的培育技术水平和管理水平；必须选择合适、成熟的无性繁殖技术，并根据苗木生长特性进行精细化的水肥管理，培养出达到或超过出圃规格的油茶良种苗木。

　　迄今为止，全国各地油茶良种苗木繁殖方法都是采用众多科研生产单位经过多次改良的油茶芽苗砧嫁接技术，苗木大田培育方法大多数是采用轻基质容器育苗技术，采穗圃良种穗条生产技术、芽苗砧嫁接技术结合轻基质育苗技术已经在我国各油茶产区普遍推广应用，已经成为我国最主要、最经济、最实用的油茶良种繁殖技术体系。良种穗条生产和良种苗木生产都要求较高水平的水肥管理，水肥一体化技术逐渐在采穗圃和苗圃生产中推广应用，也是进一步提升油茶良种化水平的必然趋势，必将成为油茶良种繁殖技术体系的重要内容。基于此，本编各章将系统介绍油茶良种穗条生产技术、油茶良种苗木生产技术以及油茶良种基地水肥一体化技术等主要内容。

（撰稿人：谭晓风，中南林业科技大学）

第1章
良种穗条生产技术

　　油茶良种穗条是采自油茶良种采穗圃优良品种的当年生新梢，主要用于嫁接育苗，也可用于扦插育苗和大树高接换冠。油茶良种穗条生产是高效培育油茶良种壮苗的首要环节，穗条质量直接关系到油茶良种纯度、嫁接成活率和苗木质量。良种穗条生产实行严格的质量管理，全程采用标准化生产、精细化管理，防止品种混杂和退化，确保品种优良纯正和穗条质量优良。

1.1　油茶良种采穗圃营建

1.1.1　良种选择

　　营建油茶采穗圃的良种应为2022年国家林业和草原局发布的《全国油茶主推品种和推荐品种目录》中确定的16个全国油茶主推品种（表1-1）和65个区域性油茶推荐品种。

　　表1-1中所列前14个主推品种为普通油茶品种，'义禄''义臣'为香花油茶品种；65个区域性油茶推荐品种见表18-1。选用4~6个主推品种或区域性推荐品种营建良种采穗圃，每个品种至少有1个可相互授粉的配置品种，严禁混杂非采穗圃的油茶品种。建圃材料应来自选育单位的良种母本园的优质穗条或其无性繁殖的良种壮苗，品种纯度应达到100%。

表1-1　16个全国油茶主推品种

序号	品种系列	品种名称	选育单位
1	长林系列	'长林53号''长林40号''长林4号'	中国林业科学研究院亚热带林业研究所、亚热带林业实验中心
2	三华系列	'华鑫''华金''华硕'	中南林业科技大学
3	湘林系列	'湘林XLC15''湘林1号''湘林27号'	湖南省林业科学院

序号	品种系列	品种名称	选育单位
4	赣无系列	'赣无 2''赣兴 48''赣州油 1 号'	江西省林业科学院 赣州市林业科学研究所
5	岑软系列	'岑软 3 号''岑软 2 号' '义禄''义臣'	广西壮族自治区林业科学研究院

1.1.2 圃地选址

油茶采穗圃宜建在最适宜油茶栽培区域，要求交通便利，地势平缓，土壤深厚肥沃，pH 值 4.5~6.5，光照和排灌条件良好。为了防止品种混杂和人畜破坏，采穗圃的边界应远离油茶普通林分，或建有完善的隔离设施。

1.1.3 圃地规划

采穗圃应集中连片，面积不少于 30 亩*。采穗母树按品种分小区连片栽植，每个品种一个小区，可块状或带状配置，各品种之间不重复、不混栽。水平带整地应沿水平带方向排列，水平带连接完整。绘制定植图，详细记录每个品种的位置和数量，设立永久标识，注明良种名称或编号。根据需要可分区建立良种采穗区和良种试验示范区，两区应有明显标志的区界或隔离带，区界可为道路、绿篱或防护林带。试验示范林不得用于生产性采穗。

1.1.4 采穗圃营建方法

1.1.4.1 植苗营建采穗圃

新建采穗圃是采用油茶大苗定植造林营建的采穗圃，为目前营建油茶采穗圃的重要方法。该方法营建的采穗圃经营期限长，穗条质量整齐，不易发生品种混杂，且方法简单。

（1）林地整理。至少提前一个季度整地，因地制宜采取全面整地或带状整地方式，施足基肥（图 1-1a~c）。

（2）密度设计。普通密度采穗圃按株行距（2.5~3）m×（3~4）m，高密度采穗圃按株行距 1.5m×2m，经过若干年林分郁闭后按株、行两个方向隔株伐除（图 1-1d）。

（3）苗木选择及栽植。选择 3 年生以上大规格轻基质容器苗木造林。定植时间以冬至至惊蛰的晴天或者阴天最好。

---

* 1 亩 =0.067hm^2

（a）林地清理　　　　　　　（b）带状整地　　　　　　　（c）穴垦施肥

（d）不同密度设计的油茶大苗营建的采穗圃

图1-1　油茶新建采穗圃

1.1.4.2 高接换冠营建采穗圃

改建采穗圃是采用嫁接换冠方法对原有油茶林分进行改造后营建的采穗圃。常用的嫁接方法有插皮接、撕皮接、切接等，推荐采用改良插皮接。改良插皮接方法操作简便，容易掌握，成活率高，不易枯桩，嫁接后第1年生长快，第2年部分油茶树体即可开花结果或采穗，且嫁接和管护成本低，有利于快速、高效地营建油茶采穗圃。

（1）林分选择与嫁接树准备。嫁接换冠的油茶林应符合采穗圃选址要求，林分要求密度适宜，株行距规整，林相整齐，树势旺盛，林龄一致，树龄不超过30年且无严重病虫害的壮龄树。嫁接换冠前一年冬季提前清理林地和调整密度，每亩选留60~70株位置适当、生长健壮的油茶植株作为嫁接树；合理修枝，每株选留方位适宜的3~5个健壮主枝作为嫁接枝，要求枝粗3~6cm、分枝角度45°~60°、干直光滑；垦复施肥，沟施复合肥1kg/株，促使嫁接树生长旺盛。

（2）大树嫁接方法。油茶改良插皮接技术的最适宜时期为5月下旬至6月下旬，宜在阴天和晴天非高温时进行。操作步骤（图1-2）：①断砧。将砧木主枝于离地面40~80cm处锯断，断砧时注意防止砧木皮层撕裂。保留1根较高的主干用于支撑遮阳网和少许枝条作辅养枝，将其他枝条和树体附近地面杂灌草全部清除。②切砧。用电锯将砧木锯口断面削得光滑平整，用单面刀片在砧木断面的木质部边缘选光滑处向下直切一刀，长2~3cm，深达木质部，然后将皮向左边挑起、拉开。③削穗。用枝剪将接穗剪成5~6cm小段，每段至少有1个腋芽，叶片剪掉1/2，用单面刀片在芽的另一侧下方1cm处削长斜面，长2~3cm，以切面稍见木质部为宜，保持切面平滑。在芽侧下方切短斜面，长度在1cm以内。现削现用，以防失水。④接合。将接穗长切面对准砧木嵌入拉皮槽内，然后将砧木上被挑起的皮覆盖在接穗的短切面上。每棵树接2~4个主枝，每个枝接2~3个芽（按砧木直径确定接穗数量）。⑤绑

| （a）断砧 | （b）削穗 | （c）切砧与接合 | （d）绑扎 |

| （e）套袋 | （f）搭建遮阳网前 | （g）搭建遮阳网后 |

图1-2　油茶改良插皮接操作步骤

扎和套袋。用宽1.5cm左右的PVC（聚氯乙烯）黑色胶带，自下而上、沿逆时针方向绑扎接穗，绑扎时将膜条拉紧。将砧木绑扎完成后，随即套上白色透明塑料罩袋，并用塑料绳将罩袋口打活结绑扎好，松紧度以能流出水为宜。⑥搭建遮阳网。嫁接后，用削好的细竹竿和保留的油茶树主干撑起加厚黑色遮阳网，遮阳网面积约为1.5m²，高度为离嫁接芽15cm以上。遮阳网搭建是嫁接成活的关键。

（3）接后管理。①去除塑料袋。待穗芽长到2cm以上且充满塑料袋时（7月中下旬），在阴天或者晴天的傍晚逐渐去除塑料袋，并及时除萌。②揭遮阳网和解除绑带。待9月嫁接芽长度达10cm以上，在阴天或者晴天的傍晚去除遮阳网，如图1-3。

1.2　油茶良种采穗圃栽培管理

油茶采穗母树生长发育进程可分为幼树发育或愈合成活期、树体形成期、采穗期、更新复壮期4个时期。应根据不同时期的栽培中心任务，合理制定抚育管理措施。

1.2.1　除萌除杂

幼树发育或愈合成活期应严格除萌除杂，及时清除砧木萌芽条、实生株、品种混杂株，大树嫁接一般在嫁接后3个月内萌芽条较多，应及时除萌。清除杂株后及时采用同品种大苗补植或补接。验收合格要求为采穗株品种纯度100%。

| （a）除袋前 | （b）除袋后 | （c）除遮阳网后 |

| （d）翌年4月 | （e）翌年7月 | （f）翌年12月 |

图1-3　油茶改良插皮接效果

1.2.2　土壤管理

（1）施肥。根据采穗品种需肥特性、采穗母树生长时期、圃地土壤养分状况等合理施肥。冬季以有机肥为主，春季以复合肥为主。定植和嫁接当年不施追肥，或6~7月浇施尿素25~50g/株。翌年至采穗期前，每年施含氮量15%的三元复合肥100~200g/株；11月中上旬施3~6kg/株有机肥作越冬肥。进入采穗期后，可在每年冬季或初春，按复合肥与尿素3∶1比例一次性施肥，施肥量3~6kg/株；采穗前15天和立秋后不得追施氮肥。提倡行间生草栽培或间作绿肥作物，实行以耕代抚，培肥地力。

（2）灌溉。干旱季节，适时灌水（滴灌、喷灌）抗旱，保证植株生长。

1.2.3　树体管理

1.2.3.1　整　形

新建采穗圃栽后1~3年适时打顶与修枝，定干高度60~80 cm。树体形成期应加强树体管理，保留主干，在40~50cm处选留3~5个生长强壮、方位合理、分枝角度45°~60°侧枝培养为主枝，维持合理的树形和冠形，一般以自然圆头形或自然开心形为佳，防止内膛光秃。

1.2.3.2 修 剪

采穗期应采用适宜的修剪方式，尽量保持采穗面受光均匀。修剪应结合采穗进行，修剪强度以轻度、中度为宜，不宜重度修剪。每年冬季或早春（11月至翌年2月）进行适当修剪，短截徒长枝，剪除老弱病残枝、交叉枝、细弱内膛枝、脚枝等，以促进第二年穗条的生长。对过长或采穗数年明显衰退的主枝进行适当回缩修剪，促进新梢萌发。

1.2.3.3 控花控果

及时人工摘除或喷施激素催落花蕾、花苞和幼果，减少营养消耗，保持树势旺盛，促进穗条优质高产。采穗后加强土肥水管理，促发夏梢，抑制花芽分化。

1.2.4 病虫害防治

油茶采穗母树易发的病害有炭疽病和软腐病；危害嫩枝叶的害虫主要有蚜虫和茶毒蛾。在病害发生初期（4~7月）及时喷施1%波多尔液、50%可湿性托布津400~600倍液、25%或50%可湿性杀菌灵1000~1200倍液，每半月1次，连续喷施2次。虫害要防早防小，可用90%敌百虫1000~1500倍液喷杀。其他病虫害防治参见第9章和第10章。

1.2.5 更新复壮

对于树体长势衰弱、内膛严重空虚、生殖生长过旺的采穗母树，可因地因树制宜采用截干、截枝、伐桩方式促发萌芽进行更新复壮。超过经营年限的采穗圃，可通过密度调整变更为普通油茶林。

（1）截干更新复壮。对于嫁接苗新造采穗圃，可采用截干方法进行更新复壮。12月至翌年1月从嫁接口以上截干，削平截口，并涂抹伤口保护剂。留干高度30~120cm；树体开张形品种宜高，树体直立形品种宜低。春季萌芽条长到5~6cm，选留3~5个方位适当、生长旺盛的萌芽条培养为主枝，通过春季疏剪和夏季摘心，3~4年后恢复形成新树冠。

（2）截枝更新复壮。对于嫁接换冠改造采穗圃，可采用截枝方法进行更新复壮。选留粗细相当、分布均匀的4~6个主枝，冬季或早春从嫁接口以上截断主枝，留长25~30cm，疏除多余主枝。春季从主枝上选留3~4个方位适当、生长旺盛的萌条作为侧枝，经2~3年培养成新树冠。

（3）伐桩更新复壮。对于树势特别衰老，或树干严重病残的植株，在冬季从嫁接口以上尽量靠近基部锯除主干，锯后用土或草皮覆盖树蔸，翌年选留 1~2 个方位适当、生长旺盛的萌芽条培育成新植株，第 3 年进行整形修剪。

1.3 良种穗条出圃

1.3.1 出圃穗条质量要求

要求品种纯正，穗条粗壮，芽体饱满，木质化程度适宜，叶片完整，无病虫感染和机械损伤；穗条粗度 2.0mm 以上，有效长度 10.0cm 以上，有效芽数 3~5 个，节间距 2.0~3.5cm。

1.3.2 穗条采集

（1）采穗枝条类型。应为树冠中上部外围生长健壮、芽眼饱满、无病虫害的当年生春梢，不得从徒长枝、病虫枝、瘦弱枝、阴生枝、脚枝、基生枝上采穗。大树高接换冠的枝条可采集健壮的徒长枝，更有利于嫁接成活。

（2）采穗时间。晴天宜在上午 10 点以前和下午 4 点以后，阴天可全天采穗（图 1-4a）。

（3）采穗方法。分品种采穗，采穗时应使用枝剪，每个枝梢下方留 1~2 个芽以萌发新梢。也可直接从穗条基部掰断，每个侧枝保留 1~2 个枝梢用以恢复树体。

（4）采穗量。初次采穗不超过新梢数量的 1/3，翌年不超过 1/2，以后逐年加大至 3/4，稳定采穗期单位冠幅面积采穗量为 60~100 支 /m²。正常水肥管理且生长良好的林分可连年采穗，提倡分区轮流采穗方式。

1.3.3 穗条保湿、贮藏与运输

（1）穗条保湿。穗条剪好后，要放入清水中浸湿，稍滴干水，放入浸过水的塑料袋内密封保湿包装，但要防止长时间密闭和日光直晒。干旱季节，在采穗前 1~2 天，对采穗圃浇透水 1 次。

（2）穗条贮藏。穗条采集后应及时使用，不能现采现用的穗条应贮藏在阴凉（18~25℃）、潮湿、通风避光的区域，将穗条直立排放在地面，或假植到阴凉湿润的沙床上，保持基质湿润（不可喷淋叶面），贮藏时间不超过 3 天（图 1-4b）。

（3）穗条运输。穗条运输时应做好保湿处理，用吸足水分的脱脂棉包扎穗条基部装入纸箱或编织袋后及时运输，一般不超过 12 小时。运输前不能喷水，以免运输过程中发热掉叶，运输过程中避免挤压、暴晒、风吹。长途调运时，要在早晚或

其他阴凉的时间采穗，最好用冷藏车运输。

（a）接穗采集　　　　　　　　　　　　　　（b）贮藏

图1-4　接穗采集与贮藏

1.3.4　采穗圃档案管理

（1）油茶良种穗条生产必须取得品种选育人的授权和省级林业主管部门的采穗圃生产经营许可证书。

（2）销售的穗条必须进行质量检验、检疫，取得林木种苗检验证、检疫证，并按《林木种苗标签》（LY/T 2290—2014）的规定悬挂标签，产地检疫登记表按照《油茶苗木产地检疫规程》（LY/T 2348—2014）规定执行。

（3）穗条生产经营者应按《林木种苗生产经营档案》（LY/T 2280—2018）的规定建立健全生产经营技术档案。

（4）穗条生产者应向使用者提供详实的良种来源、品种特征、生物学特性、使用范围、配套繁殖与栽培技术、使用说明等资料，并有可供观摩的试验示范林。

（撰稿人：李建安、李泽，中南林业科技大学）

第 2 章
良种苗木生产技术

油茶苗木生产是指在苗圃地利用从良种采穗圃采集的油茶良种穗条，采用芽苗砧嫁接技术和轻基质容器育苗技术培育优质良种苗木的过程。苗圃地的生产经营条件、专业技术水平和管理技术水平决定苗圃培育优质良种苗木的生产能力和出圃苗木的规格质量。选择合适的地点营建保障性油茶良种苗圃，不仅有利于良种苗木培育质量的提升，更有利于降低良种培育过程中的生产成本，提高苗圃经营效益。油茶良种苗木培育是技术性很强的生产经营活动，苗圃建设必须配备较强的技术力量，提供良种苗木培育所需的技术支撑。油茶良种苗圃是集约经营的专业林业生产基地，必须实施较高水平的集约生产管理，满足苗木健康生长的水肥需求，生产出大量合乎规格的良种苗木。本章将具体介绍油茶良种苗圃营建技术、油茶芽苗砧嫁接技术、油茶轻基质容器育苗技术、油茶大规格苗木培育技术和油茶良种苗木出圃等技术内容。

2.1 油茶良种苗圃营建

油茶良种苗圃是指培育油茶良种苗木的圃地。油茶良种苗圃建设是油茶产业高质量发展的基础性工作，对于加快油茶优良品种的苗木繁殖力度，提高油茶良种苗木的纯度和质量规格，推动油茶产业健康发展具有重要作用。油茶苗圃营建一般包括苗圃地选择、苗圃地规划、苗圃地营建以及档案管理等环节。我国具有非常健全的油茶苗圃生产管理规范，对油茶良种采穗圃建设和苗木生产的基本条件有具体规定，如油茶苗木生产单位应具备土地权属清楚、具有法人资格、具有省级林业主管部门委托市（州）林业主管部门核发的林木种子生产经营许可证，取得品种选育单位的授权等条件。

2.1.1 圃地选择

油茶苗圃地选址时，必须充分考虑新建苗圃的自然条件和经营条件。在建设之前应先去咨询当地的国土规划部门，以确保选择的苗圃地不属于基本农田范围。

2.1.1.1 油茶苗圃自然条件选择

苗圃选址时，主要注意以下几个方面：

（1）地形地势。宜选择地势较高的开阔平坦地带，便于机械耕作和灌溉，也利于排水防涝。南方多雨地区选择 3°~5° 的缓坡地对排水有利，坡度的大小可根据当地的具体条件而定，如土壤质地黏重的地方坡度要适当大些，在沙性土壤上，坡度可适当小些。

（2）土壤条件。苗圃选址时，需对土壤 pH 值等进行检测，pH 值须在 4.0~6.5 之间，保水、保肥和透气性较好。

（3）水源及地下水位条件。江、河、湖、水库、池塘等都属于天然水源，苗圃地应优先设在这些天然水源附近，并要经常检测这些水源的污染情况；若天然水源不足，则应选择地下水源为苗圃供水。油茶灌溉用水中盐含量低于 0.1% 最佳，最高不得超过 0.15%，水质最好呈弱酸性，pH 值不宜超过 7。

（4）气象条件。圃地选择时应向当地气象台站了解有关气象资料，包括降水量、最高温、最低温、相对湿度等气候情况；油茶苗圃应建设在气象条件比较稳定、灾害性天气很少发生的地区。

（5）病虫害和植被情况。苗圃选址时，须对当地的病、虫、草害的情况进行调查。病、虫危害严重、多年生深根性杂草严重的地区不适宜建圃；若必须在此地建圃，应先对病、虫、草害进行彻底清除，否则将对育苗工作产生不利影响。

（6）远离污染源。圃地要远离污染源，主要指砖厂、肥料厂、养猪场等产生的空气污染、土壤污染和水污染的污染源。

2.1.1.2 油茶苗圃经营条件选择

苗圃经营条件主要包括以下几个因素：

（1）交通条件。最好选择位于主要公路附近，进入苗圃的道路较好，能够承受装载苗木的运输车辆，有利于生产资料和苗木的运输。

（2）电力条件。必须有充足的电力保障。

（3）劳动力条件。苗圃应尽量靠近乡村，可以及时补充劳动力。

（4）技术条件。应选择油茶芽苗砧嫁接工人多且嫁接育苗技术的地方建设油茶苗圃。此外，苗圃尽可能与科研单位等建立联系，便于技术指导。

（5）销售条件。油茶苗圃选址时，要做好市场调查，了解当地产业的规划信息等，确定苗木需求量、品种要求等情况。

2.1.2 良种育苗选择

苗圃在选择繁育良种时，必须注意：一是必须选择《全国油茶主推品种和推荐品种目录》（2022版）中推荐的适宜当地的主推品种和推荐品种；二是要结合市场需求，繁育当地需求量较大的油茶主推品种和推荐品种；三是可以开展订单育苗，繁育客户预定的特殊需求的油茶良种苗木。

2.1.3 油茶苗圃规划

确定苗木地址后，要根据生产规模确定圃地面积，随后做好苗圃的规划工作，包括功能分区、建设进度、经费筹措等都需要提前谋划。苗圃主要包括藏种区、嫁接区、苗木培育区、基质加工区等，一般规模化、现代化的育苗公司分区较为明确规范，小型苗圃则根据实际情况可以简要调整，以实用为准。同时，要提前规划好取水水源、生活用水、灌溉用水、灌溉设施的配置等用水问题，规划电路的走向以及主干道、机耕道、步道等。

2.1.3.1 藏种区

油茶容器育苗主要采用芽苗砧嫁接法，需在嫁接前对油茶种子进行沙藏催芽，藏种效果的好坏直接影响到育苗的成败，油茶苗圃应根据自身的规模和生产计划，合理设置藏种区；油茶藏种区应设在地势平坦、排水良好和通风的区域，避免因积水、通风差造成油茶种子腐烂霉变，导致种子沙藏失败。

2.1.3.2 嫁接区

油茶容器苗嫁接一般都在室内进行，嫁接区的面积要根据苗圃规模、日嫁接人数、育苗数量确定，位置要选在地势平坦、光照较好和交通便利的地方（图2-1）；另外在嫁接区要选择一处阴凉潮湿、通风的地方，临时存放穗条和砧木。

图2-1　嫁接区

2.1.3.3 培育区

苗木培育区是油茶苗圃的核心区域，应集中连片选择立地条件好、光照充足、通风透气、排水灌溉均方便的地方，保障苗木生长所需的光照、温度、水分、空气和养分，营造一个适宜油茶容器苗木生长的环境。

2.1.3.4 基质加工区

基质加工区主要用于基质原料的存放、发酵、加工和搅拌，选择平坦开阔、干燥避雨的区域为佳，同时为节省人力、物力，基质加工区应尽量靠近苗木培育区。

2.1.4 苗圃建设

2.1.4.1 圃地整理

在苗圃规划后，要进行土地整理，包括翻地、平整、开辟道路和修排灌沟渠，在育苗区还需要进行起垄，特别是对一些培育裸根苗的区域，整地可以提高土壤蓄水保墒抗旱能力、改善土壤通气性能和结构、消灭或减少病虫和杂草的危害等。

苗床一般按照苗圃地形进行布置，有利于排水等操作，一般宽度为 1.0~1.2m、高 10~20cm。长度随地形而定，一般为 8.0~10.0m。苗床四周开沟。

2.1.4.2 阴棚建设

油茶育苗一般在每年 4~5 月进行，搭阴棚可以有效降低棚内温度，防止光照过强或阳光直射对嫁接的油茶小苗造成伤害，并起到一定的防风、隔离效果。阴棚高一般为 1.8~2.1m，支架可采用镀锌钢管（图 2-2）、木桩或者水泥桩（图 2-3）等材料，棚桩间距 3m 或 5m，棚顶及四周用铁丝横拉作径并扎牢，覆盖遮光度为 75% 的遮阳网。

图 2-2　钢架阴棚　　　　　　　　　　图 2-3　水泥桩阴棚

2.1.4.3 温室大棚建设

油茶苗圃建设温室可以提高育苗的效率，实现集约化生产，降低育苗成本，通过温室调控环境因子，可以提升油茶苗木的成活率、生长速度和苗木质量，缩短苗木的出圃时间（图 2-4）；但是建立温室成本投入较高，小苗圃不建议建造温室，可用简易塑料大棚代替。

图 2-4　现代温室

2.1.4.4　水电设施建设

油茶苗圃周围及圃内支路两侧设置排水沟，沿支路方向布设供水系统，提倡苗圃中安装喷灌设施（图 2-5），其中以倒挂式微喷灌为宜；苗圃地的电力系统能满足苗圃正常生产、生活需求即可，最好能购置一套合适的发电机组，以防停电影响苗圃的正常生产、生活，带来不必要的损失。

图 2-5　喷灌设施

2.1.4.5　相关设备配置

苗木培育的人工需求量大、季节性强，使用农机设备对节约成本、提高效率具有重要的作用。因此，应根据实际情况选择购置部分育苗设备和机械，如用于基质处理的铲车、粉碎机、搅拌机等，用于嫁接的嫁接刀、枝剪等工具，用于苗木培育的喷雾器、施肥器等。

2.2 油茶芽苗砧嫁接技术

油茶芽苗砧嫁接技术是利用油茶种子沙藏催芽形成的芽苗作砧木，再利用当年生半木质化春梢的带芽茎段作接穗，经嫁接后培育成良种苗木的技术。油茶芽苗砧嫁接是迄今为止油茶良种繁殖最快捷有效的方法。芽苗砧嫁接技术可规模化流水线操作，嫁接过程的每个技术环节可分开操作，每个操作步骤简便，容易掌握，工效高，平均每人每天可嫁接 1000 株以上，适于工厂化育苗；而且嫁接苗成活率高、出圃整齐、繁殖效率高，单个苗圃可培育几十万到上千万株苗。近些年来，用芽苗砧嫁接技术每年繁殖优良品种苗木在 3 亿株以上，有力支撑了我国油茶产业快速发展。油茶芽苗砧嫁接技术主要包括芽苗砧培育、接穗采集、芽苗与接穗拼接等技术环节。

2.2.1 芽苗砧培育

油茶芽苗砧嫁接以选用本砧嫁接为宜。

2.2.1.1 砧木种子选择

选择大果油茶品种，采收充分成熟（在树上有 10% 裂果）的油茶果实，经 1~2 天日晒（不宜暴晒）裂果后取出油茶种子。除去有病虫害、破损种子，挑选粒大饱满（1kg 种子数量在 500 粒以内）油茶种子室内阴干，装入塑料框或透气编织袋，置通风阴凉室内保存。北缘省份不能用越南油茶种子，砧木种子尽量本地化。

2.2.1.2 种子贮藏

培育砧苗的油茶种子可采用湿沙贮藏或冷藏（可双层）。①湿沙贮藏：细沙与种子体积之比为 2：1，分层或混合堆放在泥土地面上，总体高度不超过 1m；如果堆放在水泥地面上，底层沙层高度不少于 10cm；细沙的湿度控制在 10% 左右（手捏成团，松手轻拍即散），不宜太湿，每 10 天左右检查种子是否发霉或太干，做好通风透气措施。②冷藏温度：保持在 4~5℃，可用编织袋堆藏后塑料布包裹存放，做到保湿透气。生产中也可采用 12 月直播法，即种子采收筛选后，不经过沙藏或冷藏，直接播种。

2.2.1.3 催　芽

一般在嫁接前 60 天左右，将种子从沙床或冷库中起出，先用水浸种，捞出沉籽，再用 0.5‰ 的高锰酸钾溶液消毒处理 1~2 小时后，播种到厚 12cm 的沙床上，然后在种子上方覆沙约 10cm 并浇透水压实；可双层播种催芽，底层铺 12cm 沙子，再铺一层种子，再铺一层 5cm 厚沙子，再铺一层种子，上面再铺 10cm 厚沙子（图 2-6）。培养成 10cm 以上长胚根，胚根可截成几段，每段长 3~4cm，可嫁接 2~3 株。播种后及时喷淋多菌灵或噁霉灵消毒一次，保持沙床湿润，通常 5cm 深处沙子见白就要浇水。

（a）沙藏　　　　　　　　　（b）取砧　　　　　　　（c）嫁接用砧木

图 2-6　沙床催芽

2.2.2 芽苗砧嫁接技术

油茶芽苗砧嫁接主要采用劈接法，嫁接工具主要为刀片和长 3~4cm、宽 0.6cm、厚 0.11mm 的长方形铝片。其步骤如下：

2.2.2.1 切　砧

嫁接前，小心起出砧苗。起苗时，应尽量不损伤子叶柄，保留子叶。扒开侧方的沙子，用手指捏住子叶柄下方的根部，轻轻拔出即可。起苗后，用清水冲洗干净，消毒后，放塑料框，盖上湿布，以保证嫁接前后，其幼嫩的胚根不失水，放在室内操作台上备用。

在操作台木板上，用单面刀片在芽苗种子上方 2~3cm 处切断苗茎，下方 3~4cm 处断根，然后从苗茎上端正中髓心劈开，开口长约 1.2cm。长的胚根可分成 4cm 长的几段嫁接。

2.2.2.2 削　穗

先准备一块平整软木垫板。左手拿住接穗上端，先在接芽以下 2cm 处切断，再使接穗的接芽和叶柄侧向紧贴垫板，右手用单面刀片，在接芽同侧稍下方（1~2mm）起刀，与接穗以 5°~10° 的角度，直拉一刀。拉切时，刀片背部略往内倾。再用该刀片在接穗芽的背侧，刀背稍稍外侧，拉切一刀，使削面成斜形，两斜面交会于髓心，形成 30° 尖削度的楔形（其形状，与一般腹接、劈的接穗完全一样），切口长边大于 1.5cm，再从叶柄上方 2~3mm 处截断，成为带一芽一叶的接穗。

接穗削好后，可以浸于清水，但保存时间不宜过长。嫩枝接穗浸水时间不要超过半小时。

2.2.2.3 嫁　接

在嫁接前先把 0.11mm 厚的铝箔剪成长 3~4cm、宽约 0.6cm 的小条，用 4~5mm 粗的铁钉或其他圆棍，圈成一边带有 2 个平面相合的圆套。切好砧木后，套上铝箔，使铝箔套的上沿对齐砧木切口，再插入接穗。接穗切面的厚边，要放在铝箔圆套的中部，并使其与砧苗切口的一边对齐。插入的深度以接穗切面稍露白为最好。

2.2.2.4 绑 缚

用手指甲，在铝箔平面相合处拉捏扣紧后，把 2 片铝箔平面向一方扭转到靠紧铝箔圈，再离 2~3mm 向反方向扭转、压紧即可。

绑扎紧密与否同嫁接成活、嫁接苗生长关系极为密切。检查的方法：接好后，用手指轻提接穗，以不会脱落即可。

为了提高嫁接成活率，从切砧到绑扎，时间不要超过半小时。

2.2.2.5 嫁接后（移栽前）小苗处理

在室内嫁接好后放在脸盆或塑料框内，上盖湿毛巾保湿，嫁接后尽快移栽，一般不超过半小时，最长不要超过 2 小时，以免影响成活率。选择可排可灌的水稻田作圃地，在 10~12 月每亩施有机肥 3000kg、复合肥 50kg 和过磷酸钙 50kg 深翻。翌年 1~3 月每亩再施 50kg 过磷酸钙，洒施 5~10kg 硫酸亚铁水溶液后作苗床。移栽前 2 天喷乙草胺防止杂草生长。大田育苗需要每 2 年轮作。苗床宽度为 1.2m、长度不超过 20m、畦高 20cm 以上。移栽密度株距 3~5cm，行距 5~8cm，每亩育苗量控制在 8 万 ~12 万株；砧木种子与地面平齐，舒根、压紧、浇透水，最后喷施甲基托布津或多菌灵或退菌特等杀菌类农药防病。边移栽边盖小拱棚塑料薄膜。当年出圃后留下 2 年生苗不超过 5 万株。

（a）切砧　　　　（b）劈砧　　　　（c）削穗　　　　（d）套铝箔插接穗

（e）铝箔一边扣紧　　（f）绑扎好的嫁接小苗　　（g）嫁接完成小苗　　（h）小苗大田移栽

图 2-7　油茶芽苗砧嫁接

2.3 油茶轻基质容器育苗技术

油茶轻基质容器育苗是以可降解或半降解无纺布制作营养杯，以轻量有机质为主要栽培基质，以芽苗砧嫁接苗为培养对象的油茶良种苗木生产技术。与普通裸根苗相比，油茶轻基质容器杯苗具有育苗周期短、苗木规格和质量容易控制、苗木出圃率高、节约种子、起苗运苗过程中根系不易损伤、苗木失水少、造林成活率高、造林季节长、无缓苗期、便于育苗造林机械化等优点。

2.3.1　基质选择和准备

2.3.1.1　基质选择

基质选择应遵循以下原则：①来源广、成本较低、理化性状好（重量轻、保湿性、通气性、透水性好）；②含有苗木生长所需的营养物质；③不带病原菌、虫卵、杂草种子、石块等杂物。

2.3.1.2　常用基质原料

基质选用腐殖质土、火烧土、黄心土、经沤制腐熟的农林剩余物（秸秆、谷壳、树皮、锯末、种皮、果壳等），轻体物质选用蛭石、珍珠岩、纤维状泥炭等为原料。它们资源丰富、容易加工、沤制简单，同时富含有机质，疏松透气，不易板结，保水性能良好，利于苗木生长发育。

2.3.1.3　基质沤制和处理

将树皮、锯末、果壳和谷壳等农林剩余物分别堆放、浇透水进行堆沤。在基质沤制过程中需要翻堆 2~3 次，同时适量洒水让其充分腐熟。堆沤腐熟后，将基质摊开晾晒至含水率 15% 左右，随后将晾干后的粗基质铲入粉碎机打碎过 10mm 筛网。

2.3.1.4　基质配比

油茶育苗轻基质常用基质配方如下：腐殖质土 : 泥炭 : 黄心土以 1 : 2 : 3 比例为宜，加 2~3kg/m³ 钙镁磷肥；泥炭 : 蛭石 : 珍珠岩以 6 : 3 : 1 比例为宜，加 3~5kg/m³ 缓释肥；泥炭 : 农林剩余物 : 蛭石以 2 : 2 : 1 比例为宜，加 3~5kg/m³ 缓释肥。

2.3.1.5　基质 pH 值调节

油茶育苗轻基质 pH 值以 5.0~6.5 为宜，pH 值过低可用生石灰或草木灰调高，pH 值过高可用硫黄粉、硫酸亚铁或硫酸铝调低。

2.3.2　基质灌装和消毒

2.3.2.1　容器袋选择

一般采用可降解或半降解的无毒惰性高分子材料组成的无纺布袋。2 年生育苗规格以（口径 6.0~7.5cm）×（高 9.0~15.0cm）；3 年生育苗规格以（口径 10.0~15.0cm）×（高 15.0~18.0cm）为宜。

2.3.2.2 灌　装

根据容器袋大小，可采用人工灌装或机械灌装，均应装填饱满（图 2-8a）。

2.3.2.3 容器摆放

（1）托盘摆放：将灌装好的容器袋摆入托盘中，再将托盘整齐摆放在准备好的空气修根苗床上，育苗时可进行空气修根或人工辅助修根（图 2-8b）。

（2）无托盘摆放：先在苗床上铺盖一层没有缝隙的塑料编织布，防止苗木根系长入苗床的土壤中，再在上面摆放容器袋，育苗过程中要进行人工修根；该方法成本较低，可以用于临时的容器苗木生产。

2.3.2.4 浇水和消毒

栽苗前 2~3 天用清水浇透基质，再用浓度为 0.1% 高锰酸钾溶液或 5% 的多菌灵溶液消毒灌装好的容器袋和苗床地。移栽前 1 天再次给基质袋浇透水。

2.3.3 苗期管理

2.3.3.1 移　栽

先用镊子、竹签或小木棍在基质袋中插出深 5~6cm 的小洞，将嫁接好的苗舒展放入穴内，然后用一只手压住苗，另一只手在距苗 1cm 处用再次将镊子、竹签或小木棍插入基质中，再向苗方向压，每容器袋栽植 1 株（图 2-8c）。

2.3.3.2 保　湿

栽植后浇透水（图 2-8d），浇透水后再次喷施多菌灵、噁霉灵、托布津等杀菌剂防病，并及时覆盖塑料薄膜（图 2-8e）。采用竹架拱棚支撑，竹架长约 2m，最长不超过 2.1m，两头各插入土内 10~15cm，每隔 0.8~1m 插一根，栽植后及时将薄膜盖好，两边用土压紧，端头及时封闭。塑料薄膜有破损的，及时用透明胶带粘贴修补，以保证完全保湿。

2.3.3.3 遮　阴

一般棚顶和侧边宜选用透光度 30% 的遮阴网，当膜内温度超过 55℃时，启用第二层透光度 70% 的遮阴网（图 2-8f）。如果遇有连绵阴雨天气，30% 的透光度会过于荫蔽，长时间过于荫蔽有可能降低嫁接成活率。为了提高整体的成活率，取得更好的效果，可以收起四周围网，以适当增加透光度。密切关注阴棚环境情况，防止保湿膜被风吹起、苗床积水和地老虎虫害。若发现有地老虎为害，应在早、晚打开膜，喷甲氰菊酯，喷后再盖上膜。

2.3.3.4 揭　膜

揭膜前应保持棚内高温高湿，移栽后 10~15 天，喷施多菌灵、噁霉灵、托布津等杀菌剂，预防苗床高温高湿条件下的病虫害，喷施后再盖上膜。揭膜时间为移栽后的 35~40 天，以 10% 的苗木已经抽出完整的新梢时为宜（图 2-8g）。选择阴雨天气或持续晴朗天的黄昏掀膜。揭膜翌日清晨和傍晚，需全面喷水一次。

2.3.3.5 除　萌

在嫁接苗生长过程中，会不断产生萌蘖，争取在揭膜后的 7 天内完成第一次除萌。在第一次全面除萌之后，喷淋 0.25% 尿素 +0.25% 复合肥的混合肥液。一般每个月都要注意普遍除萌一次。嫁接时绑扎越紧密，嫁接口愈合越好，萌蘖越少。

2.3.3.6 浇　水

根据苗木生长情况，适时浇水。

2.3.3.7 追　肥

6~9 月，每个月喷淋 2 次 0.25% 尿素 +0.25% 复合肥的混合肥液。

2.3.3.8 病虫害防治

栽植后苗木处于高温高湿状态，加上苗木幼嫩，极易发生根腐病、软腐病和炭疽病及蚧虫和蚜虫等虫害。必须随时注意病虫害防治。一般揭膜时防治根腐病。以后要根据苗木的生长情况和圃地的病虫害发生情况，及时喷药防治。揭膜除萌后，即使未见病虫害，也要喷一次波尔多液。

2.3.3.9 空气修根

苗木修根是轻基质网袋容器育苗的关键技术之一。一般在晴天适时控水 2~3 次（一般基质湿度在 50% 左右），使苗木产生暂时性的生理缺水，根尖缺水不长，

（a）轻基质装袋　　　　（b）托盘摆放　　　　（c）移栽

（d）移栽后浇水　　　　（e）覆膜　　　　（f）遮阴

（g）揭膜　　　　（h）空气修根　　　　（i）收遮阴网

图 2-8　油茶轻基质容器育苗

达到苗木空气修根的目的（图 2-8h），之后及时补水，恢复根尖生长，以促进须根生长。通过空气修根的网袋容器苗，根系发育均匀、平衡，且都生长于容器边缘，以致容器不会破碎，入土后可爆发性生根，实现幼苗入土后的快速生长，移栽成活率高。注意观察容器侧壁根生长状况，当容器内侧须根横向穿过网袋时，应及时移动网袋，使其产生间隙。

2.3.3.10 收遮阴网

天气开始转凉，当北方冷空气南侵，当年秋季第一次连续多天的降雨出现时（9~10 月中旬前后），收起遮阴网（图 2-8i）。收起遮阴网后，全面喷水施肥。通过灌水、施肥，嫁接苗能普遍抽梢一次，生长旺盛。

2.4 油茶大规格苗木培育技术

油茶大规格苗木是指 3 年生以上，且生长量指标达到大规格标准的油茶苗木。传统的油茶林营造多使用 2 年生苗木，但幼林期生长十分缓慢，容易遭受林地杂草的覆盖，造林成活率低，且进入盛果期时间长，租地和抚育成本高且时间长。使用 3 年生以上大规格苗木营造油茶林，苗木粗壮、根系发达、生长快速、抗干旱和耐瘠薄能力强，不易受到杂草覆盖，造林成活率高，可缩短 2 年甚至 3 年进入盛果期，提早投产，大幅度降低油茶幼林抚育的生产成本，是目前和今后油茶良种苗木生产和高产油茶林营造的重要发展方向。根据培养方式的差异，可将油茶大规格苗木培育划分为大规格裸根苗培育和大规格轻基质容器杯苗培育。

2.4.1 备用小苗的选择使用

用于 3 年生大苗培育的基础苗木即小苗可以是裸根苗，也可以是轻基质容器杯苗；可以是 1 年生苗木，也可以是 2 年生苗木。但必须是来源清楚、品种纯正、达到相应基本规格的良种苗木，必须是国家林业和草原局经过二次品种优化的主栽品种或适合本地栽培的区域性推荐品种。适应 3 年生油茶大规格轻基质容器杯苗培育的 1 年生优质种苗的建议规格：苗高不小于 10cm，地径不小于 0.15cm，根系健全。适应 3 年生油茶大规格轻基质容器杯苗培育的 2 年生优质种苗规格：苗高不小于 40cm，地径不小于 0.35cm，根系较为发达。1 年生优质苗木经过 2 年的继续培育成 3 年生大规格苗木；2 年生优质苗木经过 1 年的继续培育成 3 年生大规格苗木（图 2-9）。

2.4.2 油茶大规格裸根苗培育技术

油茶大规格裸根苗培育具有培育设施简单、苗木运输简便、生产成本低的特点

（a）'华金'　　　　　　　（b）'华鑫'　　　　　　　（c）'华硕'

图 2-9　不同品种不同年龄（1、2、3 年生）苗木生长比较

和优势，适合条件相对简陋、经济实力较差、地处偏远的苗圃地经营。

栽前须细致整地，起垄作床，施足基肥，开好排水沟。搭建遮阳网，建好灌溉设施，有条件的苗圃尽可能实施水肥一体化。

油茶大规格裸根苗培育的小苗移栽时间以冬季为宜，最迟不迟于 3 月中旬。实施定点栽植，株距必须保证 20cm 以上，苗木种植密度为 4000 株 / 亩左右，以保障各苗木之间的采光和相对充裕的生长空间，有利于主干的粗生长，避免出现高生长过剩、径生长过细、头重脚轻的非壮苗。移栽后浇足定根水。适时灌溉、施肥，保障水肥供给，特别是要保障春梢、夏梢抽梢前的氮肥施用，促进苗木健壮生长。大规格苗木培育过程需进行整形修剪，剪去顶枝、脚枝、交叉枝、病虫枝，培养良好、健壮、丰产树形。根据季节和天气状况适时开启全部或部分遮阳网，准确调节圃地光照强度，促进苗木生长。

2.4.3 油茶大规格轻基质容器苗培育技术

油茶大规格轻基质苗木具有造林成活率高、无缓苗期、投产快等特点和优势，但需要比裸根苗培育更好的基础设施条件和较高的生产成本，适合交通便利、基础设施好、经济实力强、技术力量强的油茶苗圃地经营。

2.4.3.1 轻基质大苗圃地整理

轻基质容器大苗培育圃地可以使用起垄作床的普通苗床，即将栽好小苗的轻基质容器杯直接摆放在普通苗床上，容器杯与苗圃土壤直接接触，这种方式与普通的裸根苗培育方式大致相同，简便易行、耗水量较低。轻基质容器大苗培育圃地也可以使用在硬化或普通地面上架设的空气修根苗床，在地面铺设 1 层或 2~3 层的空心砖，将栽好小苗的轻基质容器杯直接摆放在空气修根苗床上，容器杯不与地面直接接触，这种方式适合在所有地面进行大苗培育，根系生长更好，但耗水量大。无论适应普通苗床还是空气修根苗床，最好都搭建水肥一体化设施，至少配备灌溉设施。

2.4.3.2 容器大杯选用与轻基质配制

与 1 年生和 2 年生苗木培育相比，大规格油茶苗木的培育需要更大的培养空间、更多的肥料基质。容器杯的选择要有利于油茶苗木生长、制作材料来源广、加工容易、成本低廉、操作使用方便、保水性能好、浇水和搬运不易破碎等特性。3 年生大规格苗木培养的容器杯宜选用无纺布或具有网孔状的其他材料，容器直径大小以 20cm、高度以 22cm 容器杯为宜；4 年生大规格苗木宜选用容器直径为 50cm、高度为 50cm 的大杯。

大规格轻基质容器杯育苗对养分、水分等需求量大，填充基质用量高。培养基质要求来源广、重量轻、保湿、保肥、疏松、透气性好，具有一定的肥力，稳定性较好、价格较为便宜，且基质本身不带病原菌、虫卵、杂草种子、石块等杂物。各地可根据当地的实际情况因地制宜选择基质材料，在育苗条件好、管理水平高的育苗基地，可偏重较轻的基质，否则宜选择较重的基质。

配制基质的材料有黄心土、腐殖质土、泥炭、蛭石、珍珠岩、腐熟的农作物秸秆、稻壳、腐熟树皮、锯末、椰糠等。根据材料来源不同，选择使用以下配比：泥炭 40%、椰糠 20%、锯末 20%、珍珠岩 5%、黄心土 15%。各种材料要经过一段时间的发酵处理，谷壳可适当碳化处理。

轻基质装入容器杯中要装满，每杯中最好放入适量的缓释肥。苗木换杯前用 0.1% 的高锰酸钾溶液对基质进行消毒。通常使用泥炭调整 pH 值，特殊情况下使用生石灰或草木灰调高 pH 值，使用硫黄粉、硫酸亚铁或硫酸铝等降低 pH 值。

2.4.3.3 小苗移栽大杯

选用 1 年生或 2 年生达规格的裸根苗、轻基质容器杯良种苗木培育 3 年生大规格轻基质容器杯苗。1 年生苗木无需去顶；2 年生苗木移栽前要去顶，根据移栽苗木的高度一般以 50~60cm 为宜，轻基质杯苗去袋（杯）。小苗移栽装杯的时间应选择在苗木停止生长后的冬季进行，但最迟不要晚于 2 月底。换杯前须将营养杯（袋）的基质装满装实，如果出现浇水后轻基质下陷，可及时添加基质。移栽换杯过程中注意不要损伤苗木根系，若移栽苗非裸根苗，需去除容器袋（杯），避免窝根。装杯过程中也不可将基质压得过于紧实，以免影响基质的通气透水性能和油茶根系生长。移栽后一定要及时浇透定根水，也可配制部分杀菌剂同时浇灌。

2.4.3.4 油茶大规格轻基质容器苗培育

3 年生油茶大规格容器苗培育密度要求株距在 20cm 以上。根据所用容器和当地具体情况可采取地面、半埋和全埋 3 种方式摆放容器大苗，不同摆放形式会对苗木管理强度和控根效果产生一定程度的影响。采用半埋和全埋摆放方式的容器苗，可减少苗木的管理强度，增强苗木抵御外界环境的缓冲作用，但弱化了容器的控根作用。采用地面摆放的容器苗，宜放在地势平缓的圃地，避免浇灌时水肥偏流，更要防止植株倒伏。为达到较好的控根效果，一般在生产区域先铺上碎沙石或再摆放上容器，容器之间需要挤紧，避免缝隙。

大规格苗木培育适宜选用水肥一体化设施等节水方式灌水，配合施用水溶性肥料、功能性肥料等，不仅有利于苗木生产，还大大降低成本，生长后期起苗前应控制浇水。油茶3年生轻基质容器大苗培育适合选用缓释性肥料，有利于提高肥料的利用率、减少施肥强度、变多次施肥为一次或少次施肥。现在市面上有很多经济林苗木专用缓释肥，效果都比较好。追肥宜在早晚进行，严禁在午间高温时追肥，追肥后及时用清水冲洗幼苗叶面。前期用高氮肥，中期用平衡肥，后期用高磷、高钾肥，若施化肥须配成0.2%~0.5%的水溶液施用，前期施肥浓度要稀，逐渐加大浓度，严禁干施。

对移栽换杯前已采取打顶措施的3年生大规格苗培育，春梢抽生之后须再次去顶，严格控制苗木顶端生长优势，促进侧枝萌发及地径的增粗生长。苗木出圃前1~3个月，可通过减少遮阳网的层数、改用遮光系数小的遮阳网、全部拆除遮阳网措施逐步调节光照强度进行炼苗，提高3年生苗木的抗逆性，使苗木适应在全光照条件下健康地生长发育。

2.5　油茶良种苗木出圃

油茶苗木出圃是油茶苗木在圃地培育的最后一个环节，也是油茶苗木阶段进入油茶幼林生长阶段的转换环节。油茶苗木的出圃质量关系到油茶幼林生长的培育质量，因此出圃的苗木必须达到规定的苗木出圃规格和质量要求。

2.5.1　出圃时间

无论是裸根苗还是轻基质容器杯苗，2年生苗还是3年生大规格苗木，出圃时间一般都是选择在苗木休眠的冬季或苗木春梢萌发前的春季，即每年的11月下旬至翌年3月上旬。出圃时最好选择晴天或者阴天，避免下雨天起苗出圃，有利于保障苗木的出圃质量、造林成活率和幼林生长。轻基质容器杯苗具有独特的保水性能和良好的适应能力，在特殊需要（如补苗）时，也可在生长季节出圃，满足各种造林需要。

2.5.2 出圃规格

2年生和3年生油茶苗木的出圃规格见表2-1。未达到规格的油茶苗木不宜出圃，可在苗圃继续培养，直至达到出圃规格。

表 2-1　油茶良种苗木出圃规格

苗木年龄	苗高	地径	分枝数量	侧根数量	备注
2年生	≥ 40 cm	≥ 0.35 cm	少量分支	有完整侧根	生长势旺，芽饱满，无病虫
3年生	≥ 60 cm	≥ 0.7 cm	≥ 4个分枝	不少于6条	生长势旺，芽饱满，无病虫，侧根舒展

2.5.3 出圃准备

达到相应规格的优质壮苗方可出圃，方可用于油茶新林营造。苗木出圃时注意保护好根的完整性，摘除花蕾与幼果，可进行适当的整形修剪，以利于促进栽植后幼树的营养生长，尽快培育丰产树体。

（a）'华金'1年生　　　　　（b）'华鑫'2年生　　　　　（c）'华鑫'3年生

图 2-10　油茶主栽品种'华金'1年生、'华鑫'2年生和3年生苗木

2.5.4 出圃运输

油茶苗圃与造林地都有一定的距离，需要进行一定距离或长距离的运输。为防止运输过程中对苗木特别是对根系的损伤，运输前须利用编织袋等对苗木进行保护性包装。2年生裸根苗可30~50株/袋，2年生轻基质容器杯苗可10株/袋，3年生大规格裸根苗通常10株/袋，3年生大规格轻基质容器杯苗通常5株/袋，分别装车。苗木装卸运输过程中须避免长时间堆积重压、风吹日晒及高温环境，尽量缩短运输时间，保障油茶苗木质量。

2.5.5 技术档案管理

在苗木生产经营过程中，还需要做好档案管理，以备查阅、溯源。档案管理主要包括以下内容：①芽苗砧培育：种子来源、沙藏时间及处理方法；②良种穗条来源：穗条基地来源、穗条采集时间、品种及数量；③芽苗砧嫁接：嫁接时间、各品种嫁接数量；④嫁接苗移栽：移栽基质、容器袋规格及材质、移栽时间、各品种数量及种植区域；⑤嫁接苗培育：灌溉时间与数量、施肥种类与时间数量、揭膜时间；⑥苗木出圃：出圃时间、各品种数量和规格、销往何处、苗木销售合同、发票开具情况、三证一签的复印件等。

（撰稿人：谭晓风、袁军、李泽，中南林业科技大学；

王开良、曹永庆，中国林业科学研究院亚热带林业研究所；

钟秋平、姜巢、郭红艳，中国林业科学研究院亚热带林业实验中心）

第3章
良种基地水肥一体化技术

水肥一体化是将灌溉水和施肥有机融合的一项工程控制技术，涉及灌溉、施肥、栽培、土壤等学科。油茶水肥一体化是根据油茶对水、肥的需求特点，将肥水按比例融合，通过管道以滴灌或喷施方式将肥水混合物准确地输送到油茶的根部或苗木的叶面，使油茶始终保持适宜的含水和需肥的状态。水肥一体化具有精准灌溉、节约水资源、提高肥料利用率、节省劳力、减少病虫害发生、环保等优点，在油茶良种采穗圃和育苗生产上有一定的应用。油茶良种生产中采用的水肥一体化设施相对简单，基本上都是人为控制的灌溉施肥。

3.1 水肥一体化系统

农业上常用的灌溉方式有漫灌、渗灌、滴灌、喷灌等多种方式。漫灌是将灌水漫过地面浸润土壤，该灌溉方式的灌水均匀性差，水量浪费较大，不适合与施肥结合。渗灌是在地下布置有渗水孔的管道，将水柔和地渗入根部土壤的一种灌溉方式，渗灌节水性好，但需设计增压机以保证灌溉效果的均匀性，且存在堵塞风险和管道后期维护难度较大等问题，在油茶水肥一体化设计中不宜采用。油茶良种生产中常用的水肥一体化系统有滴灌和喷灌两种方式。

3.1.1 滴灌方式水肥一体化

滴灌技术主要是通过降低水压、减小孔口直径的方式，将水流转换为水滴进行滴灌，该技术需要在林中布置网状的灌溉水管，并在每棵油茶树下安装滴头，低压管道供水后水在滴头处陆续滴出，达到直接用于油茶根部的缓慢吸收效果。该方式能精确控制灌溉水肥量，目前多采用内镶圆柱式滴灌管进行微滴灌。微滴灌具有用水量较少、资源利用率更高、水肥灌溉时间较长、根系通透性更好等特点；且该技术操作相对简单，能有效减少人力，既省时、省力又省资源。微滴灌设备存在的最大问题是管道小孔容易出现堵塞，因此，应用该方式实施水肥一体化，需要对水肥进行过滤，以防止小孔堵塞。微滴灌技术主要用在油茶采穗圃的水肥一体化管理（图 3-1），油茶育苗圃一般不采用微滴灌灌溉施肥。

图 3-1　油茶采穗圃微滴灌

3.1.2　喷灌方式水肥一体化

喷灌作业的技术特点是利用专用的喷灌设备对水源进行加压，再将其以小水滴的形式喷射出来，从而达到大面积范围的有效灌溉效果。传统的喷灌覆盖面大，用水量大，不适合用于水肥一体化，目前生产中多采用微喷灌的方式。微喷灌是针对传统的喷灌和滴灌设备进行的综合性改良，其通过加压水源使水源在管道中实现输送，并在田间以合理的密度布设微喷头，微喷头以较大的压力实现灌溉水的雾化喷施，并利用空气阻力将压力转换成小水滴，洒在油茶根部或叶面上。采用微喷灌设备进行水肥一体化施肥，机械化程度较高，喷出的水流细腻且流速均匀，不会造成土壤板结，肥料养分分布均匀，水肥流失少，利用率高。利用微喷灌实施水肥一体化的缺点是初期建设成本较高，电力消耗较大。

微喷灌有吊挂式微喷灌和地插式微喷灌。油茶育苗圃中一般采用吊挂式微喷灌（图 3-2）；采穗圃中通常采用地插式微喷灌（图 3-3）。

图 3-2　油茶育苗圃吊挂式微喷灌

图 3-3　油茶采穗圃地插式微喷灌

3.2　水肥一体化设施建设

进行水肥一体化灌溉，通常需要具备蓄水设施及输配电工程、施肥装置、水泵、灌溉控制器、过滤防护装置等设施（图 3-4），同时采穗圃或育苗场地需要有充足的水源和稳定的电源。油茶苗圃水肥一体化多采用喷灌方式，有条件的苗圃可建造育苗大棚，在大棚内安装固定的吊挂式水肥一体化喷施设施；露天的育苗地，也需具备储水灌或桶、水泵、水管、喷头等可临时组装的水肥一体化灌溉施肥设施。油茶采穗圃的水肥用量相对较大，水肥一体化灌溉一般都采用固定的微喷灌系统或微滴灌系统。

图 3-4　水肥一体化灌溉系统

3.2.1　蓄水设施

根据采穗圃或苗圃大小确定，面积大的应建蓄水池或有固定水源（水库、湖泊或地下水等），面积小育苗量不大的苗圃可用储水罐或桶代替。

3.2.2　施肥和喷施装置

用于向压力管道注入可溶性肥料或农药溶液。可采用文丘里施肥器或配备简易的施肥桶，也可用水肥一体化智能控制系统，配备标准的施肥桶与回液蓄水池，更能精准地施肥。喷施装置将水肥均匀、定时、定量输送到采穗圃或苗圃各处。肥液应先经过过滤器，然后再进入灌溉管道，防止管道及喷灌器或微滴头（口）堵塞，并要在化肥液管道注入口处与水源之间安装逆止阀，以免肥液流进水源。另外，为防止设备被腐蚀，在完成肥水浇灌后，程序设计上应执行自动冲洗系统内部残留操作。条件不足的苗圃，可直接在蓄水设施中人工调配水肥。

3.2.3　水泵和灌溉控制器

水泵用于增加水肥喷施压力；灌溉控制器主要用于控制喷灌装置，可与喷灌电磁阀联用，控制喷灌电磁阀门的开或关，如无灌溉控制器，则需手动控制喷灌开关。

3.2.4　过滤防护设施

油茶采穗圃或苗圃灌溉用的水源多取自河流、湖泊、地下水等，需经过沉淀过滤其杂质，以防喷灌设施堵塞。为防止喷灌器堵塞，在水泵、配肥泵、水肥混合储罐出水管道出口处均需配备二次过滤网，在水肥混合储罐出口管道安装出气阀以提高供水效率。

3.3　油茶良种基地水肥一体化技术

油茶良种生产中采用水肥一体化施肥灌溉时，主要涉及的技术环节有肥料选择、施肥灌溉时期、施肥浓度及施肥量、肥料添加方法等，肥料种类不当、施肥时期不适宜、施肥浓度和用量过高或过低都将影响穗条产量或苗木质量。

3.3.1　肥料选择

采用水肥一体化喷施的肥料，需选择常温下溶解度高、养分含量高、杂质含量低、溶解迅速、不易沉淀的化肥。油茶采穗圃和育苗生产中使用较多的肥料有尿素、复合肥和磷酸二氢钾，尿素和磷酸二氢钾的水溶性较好，复合肥要选择水溶性较好的硫基复合肥。

3.3.2 施肥灌溉时期

从油茶嫁接苗植苗开始，育苗基质始终要保持湿润，通过搭建薄膜拱棚保湿。由于育苗基质含有一定的养分，揭膜前不必追施肥。因此，油茶苗的水肥一体化管理技术实际是从油茶苗揭膜后开始，揭膜前的管理与常规的油茶轻基质容器育苗相同。油茶轻基质容器育苗前期一般在薄膜拱棚中培养50天左右，揭膜后炼苗一周，此时嫁接体还没有抽梢，需追肥促梢，每15~20天一次采用水肥一体化方式施肥；进入到秋冬季，应减少氮肥的量和施肥频次，每20~25天施一次；翌年1~2月，油茶苗生长缓慢，可不施肥。容器苗第二年的水肥管理要注重"春、夏、秋"三次抽梢，"三梢"追肥时间的节点都应在新梢萌芽前完成，少量多次，水肥一体叶片喷施，每次间隔应在20~25天。水肥施用间隔期间，如遇连续多日高温干旱，应视基质湿度情况单独喷水。

油茶采穗圃施肥的目的是生产更多优质的春梢，因此，2月初开始至4月底穗条快速生长期为施肥的关键时期，采用水肥一体化施肥，可20~25天施一次。穗条采收后，也应注意施肥，加强树体营养，以保证后期分化健壮叶芽。8月、9月如遇到长期干旱，应视土壤墒情，单独增加灌水次数。12月及1月油茶生长慢，可不施肥。

3.3.3 施肥浓度及施肥量

水肥一体化施用前要先计算好施肥量及水量。根据每亩每次施肥量、喷施浓度及施肥面积计算该次喷施的水肥总量，如计划每亩施肥5kg，喷施浓度为0.5%，需喷施10亩，则需加入肥料50kg，配制成10t（m³）水肥溶液。如安装了水肥一体化智能控制系统，则按系统的操作说明实施。

3.3.3.1 油茶苗圃施肥浓度及施肥量

刚揭膜的嫁接体，未抽梢，以施氮肥为主。将尿素与硫基复合肥按1：1的比例配制成0.3%左右的水肥溶液，用水肥一体化设施喷施，每次每亩施入的肥料用量控制在2kg以下。大部分嫁接体抽梢成苗后，可将水肥浓度提高到0.5%左右喷施，每次每亩施入的肥料用量为5kg左右。进入到秋冬季，应减少氮肥的量，增加磷、钾的比例，可将氮、磷、钾比例为15：15：15的硫基复合肥配制成0.5%~1%溶液，同时按0.1%的浓度添加磷酸二氢钾，每次每亩施入的复合肥控制在8kg左右。第二年开春后，春、夏梢侧重追施高氮高浓度硫基三元复合肥，肥分总含量应在45%以上，氮含量20%左右，每次亩用肥料总量10kg左右；秋梢萌芽前及霜降以前追肥磷钾偏高的高浓度三元复合肥，施肥浓度控制在 1% 以下，每次亩用肥料总量控制在 15 kg 以内。

3.3.3.2 油茶采穗圃施肥浓度及施肥量

采穗圃施肥以氮、磷、钾为主，2~4 月氮、磷、钾以 4：3：3 的比例施入，5~11 月氮、磷、钾以 2：3：3 的比例施入，造林后 2~3 年的幼树每次施入量为 20g/ 株，随着树龄和树体的增长，每株每次施入量为 50~80g。

3.3.4 肥料添加方法

采用水肥一体化施肥，氮、磷、钾肥可通过不同的肥料桶溶解后分别加入水中施用（图 3-5），也可在施肥罐将不同肥料一起溶解后再加入水中施用（图 3-6）。

图 3-5　三种不同的肥料桶　　　　图 3-6　施肥罐（带搅拌）

3.3.5 其他常规管理

水肥一体化育苗的病虫害防治、去砧萌、除花芽、除草、切根、炼苗、出圃等管理与常规轻基质容器育苗技术基本相同。

（撰稿人：胡冬南，江西农业大学）

第二编

油茶高效栽培技术

油茶产量的提升离不开"良种""良法"的有机结合。所谓"良法"就是油茶高效栽培技术。油茶高效栽培技术是指油茶林经营过程中，在林地选择、苗木栽植、抚育林管理等各生产环节，采用先进、实用、有效的技术方法，实现油茶林优质、丰产的生产技术措施。立地条件好、品种使用正确、栽培水平高的油茶林分不仅单位面积产量高，而且经济寿命长，可达百年以上；疏于管理或栽培水平低的油茶林分，即使是良种林分，产量也不高，而且容易早衰。传统意义上"三分种七分管"中的"管"就是要对油茶林分实施精细管理即高效栽培技术的应用，"管"的内容包括树体管理、土壤管理、水肥管理、花果管理、病虫管理等方面。高产油茶林每年可能生产 1t 以上的果实，充足的水肥供应是油茶林持续丰产稳产的重要物质基础，当然也需要其他栽培技术的配套。

油茶栽培技术随着社会进步和科学技术的发展而不断发展进步。传统意义上的油茶栽培技术主要是种子点播造林或实生育苗造林、林地垦覆等简单人工技术措施。现代的油茶高效栽培技术是以现代科学为指导的技术体系，从"人种天养"转化为定向培育，从实生造林走向无性系造林、从多系异花授粉过渡到以自交不亲和性科学理论为基础的 2 个或 3 个主栽品种高效配置、从自然树体自由生长转向合理树形的整形修剪控制生长、从不施肥和少施肥转向精准施肥，等等。本编各章将系统介绍林地选择与整理、苗木定植、幼林抚育、成林管理、低产林改造等技术内容。

（撰稿人：姚小华，中国林业科学研究院亚热带林业研究所；

谭晓风，中南林业科技大学）

第4章
林地选择与整理技术

"适地适树"是所有树种栽培应该严格遵循的基本原则。"适地"就是要选择好适应于油茶正常生长和优质丰产的造林地，"适树"就是要选择好适生、丰产的油茶栽培品种。造林地即立地条件，包括地形地貌、坡向坡位、土壤类型、气候条件、植被类型等。选择油茶造林地时，需充分考虑当地自然环境条件和适宜发展油茶物种、品种，以满足油茶生产对环境条件的要求。油茶适应性广，适宜各类林地环境，但是在油茶生产经营中，为保障油茶林的丰产稳产，应严格进行林地选择，并采取适当的整地技术，充分保护或维持林地的自然地力，防止林地水土流失，方便油茶生产作业，保障油茶林的正常生长和结实。本章的内容主要包括宜林地选择、作业设计和林地整理等技术内容。

4.1 宜林地选择

立地选择是高产油茶造林成功与稳产、高产与高效的基础条件，它主要包括造林地点、土壤性质的调查及选择。

4.1.1 林地与社会环境调查

首先，依据油茶生物学和生态学特性，参照国家或地方油茶丰产林建设的相关技术标准与要求，调查与评估拟建设的林地总体状况。调查主要内容：①土壤状况：土壤养分、水分、质地及其相关的土壤理化性状等；②气象因子：包括温度（℃）、降水量（mm）、蒸发量（mm）、无霜期（天）、年日照时数（小时）、太阳辐射（J/m²）、最高温度、最低温度、年平均气温、≥10℃积温、全年降水量、汛期降水量、平均风速等；③社会环境因素：油茶方面的乡规民约、种植习惯等。

4.1.2 土壤选择

油茶是喜光、喜温的强阳性树种，适宜在 pH 值 4.5~6.5 的酸性土质生长。油茶耐旱耐瘠薄性强，对土壤要求不严，我国南方红壤、黄壤、山地红黄壤均能生长；丘陵、山地中杉木、茶树、铁芒萁（图 4-1）、杜鹃（映山红）（图 4-2）、马尾松等植物生长良好的均可选作油茶造林，但油茶要早实、高产、稳产的林地必须要求土层深厚（达 80cm 以上）、阳光充足的阳坡和半阳坡，林地坡向以南向、东向或东南向，开阔，无寒风的地方为佳；以坡度以 25° 以下的中、下坡为宜。高山、长陡坡、阴坡及积水低洼地不能作为油茶园造林地。

图 4-1　铁芒萁

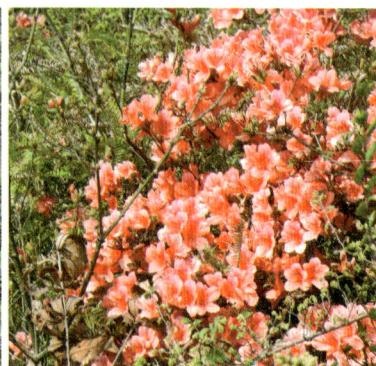

图 4-2　杜鹃

4.2　作业设计

林地确定以后，造林前必须对林地进行规划，尤其是较大规模的油茶基地，特别要做好规划设计工作。要根据地形、地貌等因地制宜地进行规划，一般采用 1∶5000 比例尺将造林地范围、面积及大区、道路等测绘成图。规划内容主要包括：机耕道、林道或作业道的规划设计，防护林带或绿篱等防护设施的规划设计，蓄水、排水、灌水设施的规划设计，以及管理用房等其他设施的规划设计。

4.2.1　道路规划设计

（1）机耕道设计。为便于交通运输，较大规模油茶基地要设计机耕道，平缓地采用"井"字形网状布局，坡度较大山区采取放射状布局。机耕道宽 3m 以上，路基要坚实，路面要平整，略呈中间高两边低的龟背形。机耕道两侧（至少一侧）要修排水沟，穿过水沟要埋设涵管。机耕道可沿半山腰、山脊线或山脚走向，要求通达到每个山头，整个基地都能通达，便于机械、化肥农药、产品或人员的运送。机耕道亦是基地大区的自然分界线。

（2）小区和作业道规划设计。由于机耕道的设计，可能将整个林地自然分划出若干大区，这若干大区有的面积较大，为便于后续作业，应再划分为若干小区，小区面积以 20~50 亩为宜，可根据林地状况而定，小区之间设计作业道，作业道一般宽 1.5~2.0m。

4.2.2　防护设施规划设计

油茶基地若某个方位处于风口，需要设计防护林带，阻挡季风对油茶树的危害，防护林带树种应选用适宜生长的高大乔木。有的油茶基地周围为防人畜对油茶树的危害可种植绿篱、砖砌围墙或开挖隔离沟等隔离防护设施，在开挖隔离沟后，可将沟土堆于园内侧再种植绿篱。防护林和机耕道绿化设计，尽可能采用有多功能价值的树种。

4.2.3　蓄水、排灌设施规划设计

规模较大的油茶基地，如果条件较好或经营管理水平较高，可规划设计灌溉设施，灌溉设施主要包括蓄水池、抽水管线、灌溉水管线等。蓄水池可设计在某个或几个地势较高的山头上，主要管线可沿机耕道、作业道边缘走向。若林地坡度较大、坡面较长，为防止水土流失，还应规划设计春夏季防涝的排水沟渠。

4.2.4　造林密度设置

常见株行距参考密度一般为 2m×3.5m、4m×3m、4m×3.5m，每亩栽植 48~95 株。为了配合林农间作与机械化经营，也可采用株行距 2m×4m 的参考密度或宽行密株的种植方式，以便林间套种农作物，熟化改良林地，同时增加幼林前期收入。在密度无法调整的地方或容器大苗（3 年生、4 年生），采用 4m×3.5m 或 4m×3m 等低密度种植。

4.2.5　品种配置设计

4.2.5.1 花期和授粉亲和性

油茶花期在冬春之间，不同品种花期差异很大。油茶品种配置中需要重点考虑盛花期重叠情况等因素，筛选出适宜的授粉品种组合，见表4-1。

表4-1　主要油茶品种花期参考一览表

序号	品种名称	花期特性	配置品种
1	'长林53号'	始花期10月中旬，花期长30天	'长林3号''长林23号'

序号	品种名称	花期特性	配置品种
2	'长林40号'	始花期10月中旬，花期长34天	'长林4号'或'长林3号'
3	'长林4号'	始花期10月中旬，花期长45天	'长林40号'或'长林3号'
4	'华鑫'	始花期10月下旬，花期长30天	'华金'或'湘林210'
5	'华金'	始花期10月下旬，花期长30天	'华鑫'或'长林53'
6	'华硕'	始花期10月下旬，花期长38天	'华鑫'或'湘林210'
7	'湘林210'	始花期10月下旬，花期长50天	'湘林97号'或'华鑫'或'长林53'
8	'湘林1'	始花期11月上旬，花期长40天	'湘林27号''湘林97'或'华硕'
9	'湘林27号'	始花期11月上旬，花期长40天	'湘林1'或'湘林78'或'华硕'
10	'岑软3号'	始花期11月中旬，花期长40天	'岑软2号'
11	'岑软2号'	始花期11月下旬，花期长40天	'岑软3号'
12	'赣无2'	始花期10月下旬，花期长20天	'赣无1'或'赣石83-4'
13	'赣兴48'	始花期11月上旬，花期长40天	'赣无1'或'赣石83-4'
14	'赣州油1号'	始花期11月初，花期长30天	'长林53'或'赣州油10号'
15	'义禄'香花油茶	始花期11月上旬，花期长50天	'义丹''义臣'香花油茶
16	'义臣'香花油茶	始花期11月中旬，花期长50天	'义禄''义丹'香花油茶

4.2.5.2 品种选择和配置原则

品种选择和配置的原则：

（1）花期相遇原则，即主栽品种与配置品种的盛花期一致。

（2）高亲和性原则，即配置品种的花粉可与主栽品种正常授粉、受精，并正常坐果结实。

（3）品种数量宜少原则，即主栽品种与配置品种的总数量不要超过4个，且所有品种均能完成正常的授粉受精和坐果结实，最好选择2个品种配置，其次是3个品种配置，再次是4个品种配置。

（4）果实成熟期基本一致。

4.2.5.3 配置方法

油茶配置方法可以根据地形等因素进行以下几种配置方法：

（1）行状配置，主栽品种和配置品种按行进行配置，一行种植一个品种，如图4-3。

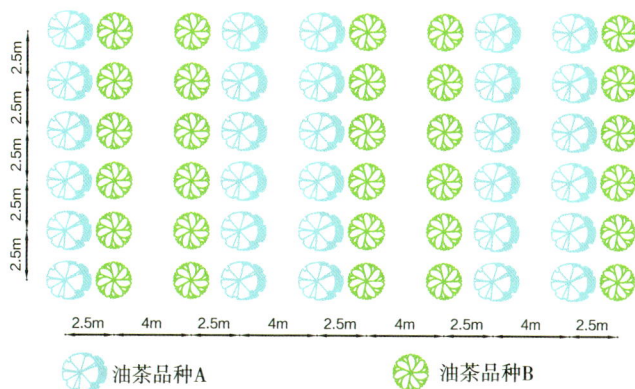

图 4-3　行状配置示意

（2）带状配置，主栽品种和配置品种按带进行配置，每带栽植一个品种，包含 2~4 行，如图 4-4。

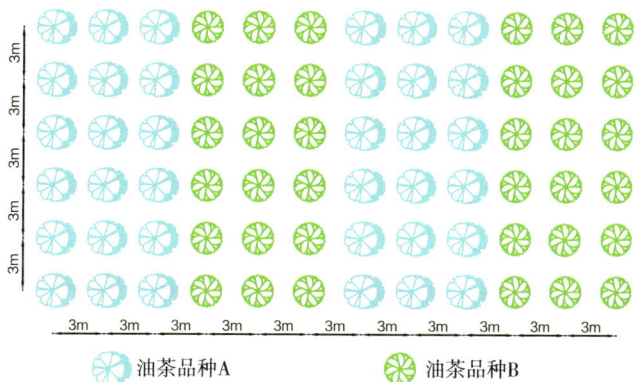

图 4-4　带状配置示意

（3）小块状配置，主栽品种和配置品种按地块形状进行配置，一个地块栽植一个品种，但一个地块一般不超过 3 亩，如图 4-5。

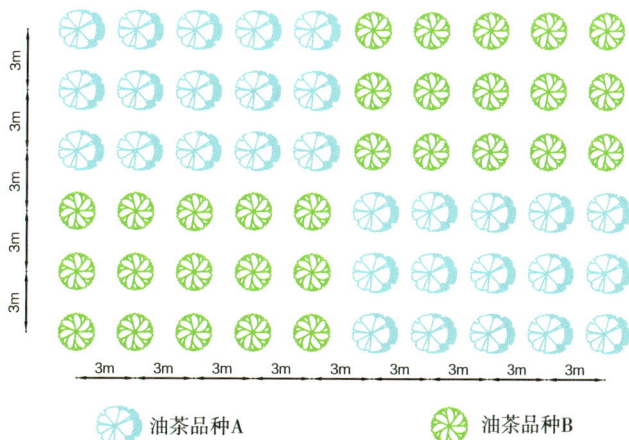

图 4-5　块状配置示意

为促进花粉传播，需要对种植园地块进行保护，培育当地土蜂等媒介昆虫。同时，可以在林地放蜂促进油茶授粉，所需的蜜蜂数量要根据油茶林地大小、栽培品种、栽植密度、气象条件而定，一般5~10亩放置1箱蜂。同时，严禁在花期喷施除草剂、农药，尽量保护当地土蜂等授粉昆虫。其他可参考《油茶栽培品种配置技术规程》（LY/T 2678—2016）。

为了经营和未来调整方便，宜成行采用双行种植。

4.2.6 其他设施规划设计

规模较大的油茶基地，为便于管护，应规划设计管护用房等设施，主要包括：管护人员的生活用房，肥料、农药等生产资料的贮藏保管用房，生活工具存放场地。同时，还应规划用于茶果等摊晒的晒坪、产品贮存库等。

4.3 土地整理

整地是油茶高质量生产的重要环节。整地有利于油茶根系的生长发育。油茶园地整地质量的好坏直接影响造林成活率和树体的生长。

4.3.1 整地时间

时间应在造林前的一年或半年以前进行，即头年的夏、秋季开荒、翻地；以8~11月整地最佳，即挖"伏山"最好，雨季不宜整地；不宜边整地、边造林，不整地不可造林。

4.3.2 整地方式

整地前期要清除林地上的杂草、灌木和树蔸。可以人工清理，也可在整地前1~2个月前采用机械处理（图4-6），不可采用火烧炼山的方式。整地要根据坡度等地形地貌因素和有利于水土保持等要求，在全垦、带状或块状等整地方式中选择。坡度10°以下的平原、岗地或需套种的土地可全垦整地（图4-7）。坡度10°~25°的丘陵、低山应采用带状整地（图4-8），即：沿等高线由上向下开挖水平条带，带间距宜3.0m，带面外高内低，带宽宜2.0~2.5m，反坡坡度3°~5°，条带内侧可挖深、宽各30cm左右的竹节沟，竹节沟长度根据株距确定，通常为1.5m左右，以利蓄水保土；带间杂灌全刈。适宜采取水平梯田方式整地的，要在梯田外缘作埂以保持水土。在房前屋后的旱地、荒地或"四旁"地可采用穴状整地。整地时需清除树蔸和石块，并应与作业通道、取水、蓄水、工棚等基础设施建设同步进行；整地挖垦深度视土壤情况而定，一般为 30cm 左右；采用机械作业的地方，深度可达 50cm 左右。

图 4-6 机械整地　　图 4-7 全垦整地　　图 4-8 带状整地

4.3.3 垦穴与基肥埋施

种植穴按株行距定点开挖，垦穴定点要规整，穴规格通常不小于 60cm×60cm×60cm（图 4-9）。开穴时应尽可能将表土和心土分别堆放，以利表土回穴。在栽植前 1 个月左右，必须在种植穴中施入商品有机肥（有机质含量 ≥ 45.0%）、饼肥或厩肥；商品有机肥用量和饼肥用量 3.0~5.0kg/ 穴，厩肥等农家肥用量 20.0~30.0kg/ 穴。饼肥和厩肥等农家肥施入前应充分腐熟以免肥害，还可拌入少量杀虫剂以防病原菌和地下害虫。基肥中宜掺适量磷钾肥或复合肥以平衡和增强肥效（图 4-10）。施肥时先将土、肥充分搅匀回填穴内，再填新土返穴呈高出地面 15cm 左右馒头状。

图 4-9 定点开穴　　　　　　图 4-10 埋施基肥

（撰稿人：龚春，江西省林业科学院；
马锦林，广西壮族自治区林业科学研究院；
袁军，中南林业科技大学；
晏巢、龚洪恩，中国林业科学研究院亚热带林业实验中心）

第5章
苗木定植技术

油茶为常绿阔叶树种，幼苗主根长而侧根少，晴天和旱季起苗造林容易引起苗木失水，进而影响造林成活率。油茶林树体萌芽强，生产中造林密度的选择要综合考虑选用油茶品种特性、林下利用方式、经营管理（树体管理）水平、前期经营收益等因素，选择最佳造林密度，并且后续生产中根据实际情况进行适当调整。油茶具有自交不亲和特性，苗木定植时务必要选择不同品种进行配置，才能保障油茶正常授粉结实。油茶苗木有裸根苗和容器苗，不同类型苗木具有不同的栽植要求。本章从造林季节选择、造林密度设置、品种配置技术和苗木栽植技术等方面，详细讲解油茶苗木定植技术。

5.1 造林季节选择

应根据种植区气候条件和栽种品种选择适宜的造林时间。油茶苗造林一般以秋冬季和早春为宜，即"寒露"至"惊蛰"之间。目前，大规模工程造林栽植时间多选在秋末至春初，即10月底至3月初，因为此段时间造林地土壤多可获得间断雨水，地温保持稳定，根系先于地上部分活动，有利于苗木成活和生长。油茶宜春季造林。干湿季分明的云贵高原、川西地区和广西西部及云南、四川干热河谷地区，可于6~8月进行雨季造林。南亚热带和热带地区造林在冬季进行，包括广西南部、广东南部、福建南部、海南岛。具体时间，待整地、施肥、回填土等准备工作完成后，以下透雨种植为宜（图5-1）。

5.2　良种调配

应根据种植区的气候条件选择适宜的良种进行种植。油茶多是异花授粉品种，为提高产量，选择花期相遇、果实成熟期基本一致的高产、稳产、高抗、优质油茶主推品种或区域推荐品种 2~4 个品种进行种植，主栽品种占比 70%~80%，配栽品种占比 20%~30%（图 5-2）。

图 5-1　造林　　　　　　　　　　图 5-2　良种调配

目前，油茶造林大力倡导使用优良无性系苗木，结合国家林业和草原局对油茶种苗的管理要求及相关规定，在选用和调购油茶种苗时要注意以下四点：

（1）通过省级以上审定或认定的且适宜当地发展的良种。优先使用国家林业和草原局主推和推荐的良种。由于各地气候及立地条件有差异，不同的油茶优良无性系都具有一定的地域性，因此造林应选择适应本地区生态条件的优良品系。

（2）必须是无性繁殖的种苗，并优先选择采用芽苗砧嫁接培育的苗木。

（3）种苗供应单位必须具有省级林业主管部门颁发的油茶种苗生产许可证，且能出示通过省级或省级以上审定的林木良种证或良种证拥有者许可的良种使用证明。

（4）品种配置。为了保证不同无性系间互相授粉，应避免单个无性系成大块状或片状造林。具体可参考第 8 章品种配置技术。

5.3　苗木选择

油茶小苗定植成活率较差，且早期生长慢，为提升造林成活率、促进冠幅形成，提倡采用 2 年或 3 年生油茶良种苗木：2 年生苗高 40cm、地径（嫁接口以上）0.35cm 以上，冠幅 20cm×20cm 以上，生长健壮，无明显病虫害及机械损伤。3 年生苗高 60cm、地径（嫁接口以上）0.7cm 以上，分枝 4 个以上，冠幅 30cm×30cm 以上，生长健壮，无明显病虫害及机械损伤。避免多年留床高杆苗。此外，非越南油茶分布区应避免采用越南油茶（或其他南部物种）砧木培育的苗木。

5.4 裸根苗栽植技术

造林最好选在阴雨天或下透雨后，要做到随起苗随造林，远距离运输过程中要注意保湿。栽前打泥浆，栽植时要求苗木扶正，根系舒展，适当深栽保湿，表土回填，踩实，最后在植株四周覆盖松土，填土应高出周围地表 10cm 左右呈馒头状，以防松土下沉积水。注意苗根不能和基肥直接接触。定植后，有条件的应浇透定根水。遇久旱天气，也应浇水，也可用含生根粉（GGR）0.005%~0.01% 的黄泥浆蘸根后造林，成活率更高，幼林生长效果更佳。裸根苗栽植一批调运一批，宜放在种植点附近阴凉地方，并定期进行浇水保湿。栽苗量较大时，栽植不完的苗木要开沟假植。种植行品种留下标记。

5.5 容器苗栽植技术

选用的容器苗宜生长健壮、根系发达、不穿根，避免长期留床高杆高分枝大苗。大容器苗要求分枝点较低、根系发达，具有小树冠的优质苗木。苗木装箱运输，要单层摆放整齐，不能堆集，空隙要挤紧，防止滚动造成根团破碎。搬运时要轻拿轻放。栽植坑宜较大，基肥、隔离土层同裸树苗，以保证容器底与隔离土层接合紧密。栽苗操作要细致，栽植前先将苗放至种植穴后用刀或剪刀将容器袋在几个方位进行破袋。苗木要直立，位于坑中央，种植深度为容器口低于地面平行。回填土要从容器周边向容器方向四周压实（切不可向下挤压容器），使土壤与容器紧密结合。种植后，种植穴上培土 10~15cm 高。种植行品种留下标记。

（撰稿人：姚小华，中国林业科学研究院亚热带林业研究所；
叶航，广西壮族自治区林业科学研究院）

第6章
幼林抚育技术

油茶造林后到进入生产期之前的这段时间称为油茶幼林期。油茶幼林阶段的长短与立地条件、经营管理水平、油茶品种类型等都具有密切关系。通常立地条件好，水肥条件优越，集约经营的油茶林进入盛产期时间早；立地条件差、土壤干旱瘠薄，经营管理粗放的油茶林进入盛产期时间将推迟。普通油茶幼林期一般为1~5年。幼林期的主要任务是促进营养生长，必须及时中耕除草，水肥精细施用，少量多次，保障枝、梢、叶的正常生长，扩大树冠和受光面积，促进有机质的积累和营养生长；及时进行整形修剪，形成良好的树体结构，通风透光，利于林地机械化作业；通过生草栽培或林地间种，实现油茶幼林生态经营，提升油茶幼林经济收入。加强油茶造林后的抚育，营造幼林期间优越的林地环境条件，满足油茶生长对肥水的要求，是保证油茶造林成活和促进油茶林早实丰产的重要技术措施。本章主要内容包括补植培蔸、中耕除草、幼树整形、幼树施肥和林间套种等技术内容。

6.1 补植培蔸

补植苗木类型包括2年生裸根苗、轻基质容器苗或3~4年生容器大苗。补植品种：按缺失苗木品种进行补植，保持林分品种结构不变；注意苗龄一致性。补植苗木在规格上较大一些。其他要求与造林苗木相近。补植时间：12月至翌年2月（不同区域有不同种植时间，注意北部、高海拔地区、干季地区的特殊要求），在特殊地区雨季造林。

种植方法上选择阴雨天或下透雨后补植，将苗木嫁接口埋入地表水平面5cm（轻基质容器苗在种植穴内将容器脱除或划破），苗木扶正、踩实，最后在植株四周覆盖松土，填土应高出周围地表10cm左右呈馒头状，以防松土下沉积水。要适当深栽，保证成活率。容器苗和裸根苗只要质量、规格合适，种植操作适当，均能产生良好补植效果。

油茶种植后降雨，对于保证地下部分水分条件、提高成活率具有很重要的作用。种植后经过一段时间降雨，地面沉降，有时根系外露，需要待雨后进行培土，需要在种后 20~30 天或梅雨季后各进行一次培土，培土在植株周边进行，形成抬高土堆、直径 1m 的圆圈。

6.2 中耕除草

每年春末夏初（5 月底前）和秋季（9 月以后）各除草 1 次，培蔸正苗。注意：对当年新造林抚育时，在油茶四周 20cm 以内只松碎表土，不要翻动根际土壤；靠近油茶树体的杂草用手拔除，防止松动或损伤油茶根系，并用草皮土倒覆盖在幼树周围。提倡以人工除草为主。可在杂草生长旺盛时期，选择合适的天气，做好树体防护，选用草甘膦铵盐等对油茶药害较小的除草剂除草。杂草萌发前，采用防草布或生态草垫覆盖在油茶树周边，用泥土压实、平整，从而达到控制杂草生长的目的，一般要求覆盖物具有生态环保、可降解、透气性好、渗水快、保温保湿效果明显的特点。

种植后第三年林地内深挖一次，深度 20~25cm。第四、五年每年秋季中耕除草 1 次，林地浅锄 10cm 左右，坡面用刀砍杂。以此类推，即"三年一深挖，一年一浅锄"。深挖与施肥工作相结合。

6.3 幼树整形

进行油茶修剪，是保证油茶林高产稳产的一项重要措施。科学修剪的树体结构合理，通风透光，枝梢健壮，花蕾饱满，病虫害少，方便采摘，产量提高。

油茶树整形修剪，幼林一年四季均可进行，以油茶采摘后至春梢萌动前进行为好（一般在 11 月至翌年 2 月）。

幼林树体以培育树冠为主，修剪作为补充。

幼林应以整形为主，轻度修剪，控制徒长枝，疏去细弱侧枝，促进侧枝生长，形成低矮的圆柱形、半球形等树冠，扩大树冠提早结果。修剪应做到因树制宜，随枝作形，剪密留疏，去弱留强，弱树较重剪，强树稍轻剪，促使保留的基础枝萌发良好的新梢。幼树只能少量轻剪或不剪，不宜过度修剪。

一般来说，油茶主干长到一定高度时，就应按预定的主干高度截顶梢，然后在主干上部选 3~4 个枝条作主枝，均匀导引主枝向外上方生长，第二年主枝适当修剪、控制长势，使之均衡生长，并逐步培养成自然圆头和开心形的树冠。

此外，为使树体迅速形成丰产型树冠，集中营养用于抽梢壮枝，未投产的幼林应及时抹去花蕾。2 年生苗木种后当年、翌年连续摘花，第三年留花。3~4 年生大苗只在种后第一年摘花或不摘花。

6.4　幼树施肥

油茶幼树期应结合幼树多次抽梢特点，在抽春梢、夏梢和顶芽膨胀、新芽转绿期，进行多次施肥，为春、夏、秋三次抽梢补充养分。主要以氮肥为主，配合磷、钾肥，随树龄大小施肥量从少到多，逐年提高。

（1）施肥用量及方法。年前新造的油茶林可以不施肥，有条件的可在 6~7 月树苗恢复后每株施 0.2kg 左右的尿素或专用肥。1~2 年前新造的油茶林，3 月上旬施入速效氮肥，以促使多发壮实的春梢。5 月春梢萌芽前再追施一次速效氮肥，每株 0.10~0.25kg，以培养出健壮、充实的夏梢。11 月上旬则以土杂肥、农家肥或商品有机肥作为越冬基肥，深施有机肥每株 3~5kg，一般三年一次，以提高越冬抗寒能力，保证树体养分积累。春季和夏季追肥可于雨后撒施，施于施肥沟处或已松土的树盘内，有灌溉设施的可将尿素按 3%~5% 的浓度溶解于水中灌溉。越冬基肥采用沟施方法（图 6-1），施肥沟距离树干基部 30cm 或在树冠投影线外沿，沟宽深 35cm 左右，肥料与土拌匀后及时覆土。

图 6-1　油茶施肥沟

（2）油茶幼林施肥要注意的事项。一是施肥位置要恰当，不能太近或太远，通常为树基部 30cm 外树冠垂直投影边界处；二是施肥沟不能过浅、过短，通常深 30cm 以上、长 30cm 以上；三是要注意坡位，不要将肥料施在油茶树的下坡位，以防止养分流失；四是要注意土壤湿度，忌干土施固体肥；五是要注意施肥用量，施肥用量要恰当，量少了满足不了油茶生长发育的需要，量多了不仅对油茶没有好处，还会起反作用，同时也浪费人力和物力，并且过剩的肥料会对环境造成污染。

6.5 林间套种

油茶幼林期间，可利用林地间隙种植绿肥、药材、油料等作物，以中耕施肥代替抚育，能有效地抑制杂草、灌木生长，提高土壤蓄水保肥能力，改善林间小气候，降低地表温度，提高林间湿度，从而促进油茶幼林根系生长和树体的生长发育，达到速生、早实的目的。间作绿肥宜选耐干旱瘦瘠、生长快、长势旺且适于在酸性土壤生长的作物，如紫云英、肥田萝卜、印度豇豆、四方藤、印度猪屎豆、三叶猪屎豆、印度绿豆、日本芜菁等。此外，幼林的间作物宜用短生育期的早熟品种，在干旱季节到来之前就能收获，如黄豆以早熟的"六月黄"为佳，花生则要选择生育期 100~120 天的小籽花生等。一般来讲，套种距离须控制在植株 50cm 以外，采收后要将作物秸秆及时压青。

注意：油茶幼林不宜套种高秆、藤本或旱季耗水量大、吸肥力强、吸肥多、深挖次数多的小麦、芝麻及块根类作物。

（撰稿人：姚小华、曹永庆，中国林业科学研究院亚热带林业研究所；
胡冬南，江西农业大学）

第 7 章
成林管理技术

　　油茶成林是指进入盛产期之后的油茶林分，是由营养生长为主转化为以生殖生长为主的经营时期，也是油茶林经营最有经济利用价值的时期。由于连年结果并被移出林地，消耗了大量的土壤营养物质和树体有机物质，需要进行及时补充，保障油茶林生长结实的需求。所以，油茶成林管理的主要任务就是要采取一切技术措施，努力实现丰产稳产。要加强对油茶林分的土肥水管理，最好能实施水肥一体化，满足盛产期大量结实所需的水和营养供给，促进营养生长和生殖生长的平衡；要加强树体管理，合理修剪，保持树体内和林内的通风透光；要加强对病虫害的管控实现丰产丰收。本章主要包括树体管理、土壤管理、肥水管理和花果管理等技术内容。

7.1 树体管理技术

　　油茶整形修剪与一般果树整形修剪基本类似。通过此项技术措施，保持良好的树形结构，枝条分布均匀，营养枝与结果枝比例合理；树内通风透光，树形立体结果，病虫害减少，从而达到茶果产量提高、出油率增加、品质优良的目的。

7.1.1 整形修剪季节

　　油茶的修剪，可分为冬季修剪和夏季修剪，一般以冬季整形修剪为主，但夏季修剪亦不可或缺。冬季修剪，约在 11 月下旬至翌年 2 月，即采收茶果后至春梢萌发前进行。冬春结合挖山垦复，修剪大枝干、蚂蚁枝，以利新枝萌发，更换树冠，减少病虫害。夏季结合中耕修剪徒长枝、下脚枝、寄生枝、枯枝，使其林内通风透光，多着花果，提高产量。

7.1.2 整形修剪方法

（1）冬季修剪。第一年在主枝 20~30cm 处选留多个生长强壮、方位合理的侧枝培养为主枝；第二年再在每个主枝上保留多个强壮分枝作为副主枝；第 3~4 年，在继续培养正副主枝的基础上，将其上的强壮春梢培养为侧枝群，并使三者之间比例合理，均匀分布。冬季修剪主要针对完成整形后的树体进行，是对树形、树势的进一步调整。其修剪方式，以疏枝为主、短截为辅。另外，油茶最易发生竞争枝，应及时予以修剪控制。在出现两枝竞争时，根据其生长势，修除竞争的一方，若是三枝竞争，则修除中心枝，以保持其开张角度，改善通风透光条件，稳定优良的丰产树形。

（2）结果枝和生长枝的修剪。由于油茶极性生长不强，结果枝和生长枝很容易衰老，生长结果能力下降，为保持其生长结果优势，应及时采取回缩修剪，即将其生长结果 3 年以后的枝条，向下回缩修剪 1/3~2/5，个别太弱枝条，还应向下回缩，以使之能发出较好的生长和结果枝为宜。下垂至地面的枝条和树体间交叉的枝条，应该剪掉。

（3）徒长枝的修剪。油茶树常易发生徒长枝，特别是通过回缩修剪以后，很容易在树冠内发生大量的徒长枝。应对其进行及时修剪。当树势衰弱或树冠内空间较大时，采取修除徒长枝上的中心延伸枝的方法，以控制其生长势，将徒长枝改造成结果枝或利用徒长枝来更新衰弱枝，以填补空隙恢复树势。

7.1.3 修剪注意事项

（1）整形步骤。先剪下部，后剪中上部；先修冠内，后修冠外；内膛做到通而不空，内饱外满，左右不重，枝叶繁茂，通风透光，增加结果体积。

（2）剪口和剪口芽。剪口一般以斜口较多（图 7-1），剪口芽的方向与质量对修剪整形影响较大。若为扩张树冠，应留外芽；若为填补树冠内膛，应留内芽；若为改变枝条方向，剪口芽应朝所需空间处；若为控制枝条生长，应留弱芽，反之应留壮芽为剪口芽。

图 7-1 短截的斜口

（3）大枝的修剪。对于过于郁闭的树形，应先考虑密度调整，在此基础上剪除少量枝径 2~4cm 的直立大枝，开好"天窗"，提高膛内结果能力。第一步，在要去除的枝干下方距主干约 13cm 处锯一切口，深度约为 1/3；第二步，在枝干上方距第一个切口约 8cm 处下锯，直到枝干脱落；第三步，贴近主干约 2cm 处，锯除剩余部分。修剪时一定要将剪口剪得与枝条平齐，不能留桩。

（4）其他。交叉枝、重叠枝、背上枝、枯枝、病虫枝以及下垂枝等要进行及时修剪。剪下的病虫枝，应集中焚烧。其他枝条清理运走。另外，整形修剪要与深耕施肥、间作、病虫害防治相结合，方可达到最佳效果。修剪后应及时抹除无利用价值的萌芽，以免消耗树体内养分。

与园艺植物相比，油茶整形修剪技术研究较少，以上介绍更多是经验性的方法和长期生产实践总结，只供生产实践参考。近年来有许多丰产林由于整形修剪不当，引起树体破坏，需要引起注意。

7.2 土壤管理技术

油茶根系分布深且范围广，土壤理化性质对其生长发育有重要的影响。为了改善油茶林地土壤理化性质，可从土壤改良、土壤耕作制度、土壤日常管理等方面开展。

7.2.1 土壤改良

油茶当年种植或补植后土壤会沉降，在雨季后进行一次培土，除草并增强抗旱能力。油茶多种植在南方红壤区，该区域土壤结构不良、水稳定性差、抗冲刷力差，易水土流失，应修筑水平梯田等水土保持工程。

7.2.2 土壤耕作制度

油茶生长较慢，进入盛果期前林间空地较多，可应用间作、清耕、生草、覆盖等耕作制度，以提高林地生产力，同时改善土壤质量。

（1）间作。油茶幼树期树体较小，不宜间作芝麻、玉米、油菜等高秆作物，可间作花生、红薯、大豆等矮秆和固氮作物（表7-1）。间作的作物离油茶蔸部60cm以上，以防作物与油茶争肥、争水、争光。应该遵循以下原则：第一，间作物种不与油茶争光、争肥、争水，且具备适应性强、不给油茶林带来病虫害等特征，从而保障油茶林地生态系统的健康。第二，从当地实际和林地条件出发，因地制宜，宜林则林、宜粮则粮、宜油则油。第三，坚持综合效益优、土地高效利用原则。充分考虑复合经营的可行性，充分利用林地空间、气候、土壤等资源，提高林地生产力，实现一地多用、一地多收，达到长短结合、以短养长的目的。此外，复合经营物种的选择需要考虑市场需求，以大宗、市场需要量大、日常可消费的作物为好。这些作物也要选择高产、优质、高抗的品种（图7-2至图7-5）。

表 7-1　油茶林内适宜间作作物

适生地区	农作物	绿　肥	经济作物
北回归线以南地区	黄栗、山芋、木薯、荞麦、芋头、花生、黄豆、绿豆、蚕豆、豌豆、竹豆、赤小豆、旱禾等	印尼猪屎豆、大叶猪屎豆、山百合、光萼猪屎豆、三尖叶猪屎豆、紫花灰叶豆、三圆叶猪屎豆、白花灰叶豆、马来亚木豆、印度豇豆、木豆、日本草、巴西苜蓿、苎麻、毛蔓豆、铺地木蓝、野蓝靛、蓝靛、无刺含羞草、爪哇葛藤、望江南、泰国黑绿豆等	生姜、砂仁、巴戟、蔬菜等
北回归线以北地区	大麦、黄栗、荞麦、黄花菜、山芋、马铃薯、花生、油菜、黄豆、绿豆、豇豆、饭豆、泥豆、蚕豆、豌豆等	大巢菜、小巢菜、印尼猪屎豆、三尖叶猪屎豆、印度豇豆、日本芜菁、印尼绿豆、草木犀、鸡眼豆、满园花、红花草、兰花草、苜蓿、鼠茅草、黑麦草等	矮干金银花、生姜、旱烟、凉薯、脚板薯、白术、太子参、丹皮、田七、附子、党参、香叶天竹、黄精、白及、重楼、三叶青、菌菇类等

图 7-2　油茶 + 花生

图 7-3　油茶 + 黄花菜

图 7-4　油茶 + 黄精

图 7-5　油茶 + 鼠茅草

（2）清耕。根据油茶林地草的生长情况进行中耕除草，使土壤保持疏松和无杂草状态。种植后第二年，春季浅锄（5~10cm），并培土，以防蔸部低洼积水；夏季浅锄并将草覆盖蔸部，以帮助油茶防旱；秋季可深耕（20cm）扩穴，为油茶根系生长提供条件。需注意高温季节不宜除草，另外，长期清耕易引起水土流失，尤其是坡地，使土壤有机质含量和土壤肥力迅速下降，土壤结构受到破坏，因此，建议油茶林适度留草（特别是带间坡面），以不影响油茶生长为宜。

（3）生草。指在林地行间人为种植或自然生长禾本科、豆科等草种的一种土壤管理制度。由于油茶林地土壤肥力一般都较低，人为种草成本高、效果不理想，因此，多采用自然生草的方法。通过自然的相互竞争和连续刈割，最后剩下几种适于当地自然条件生长的草种，实现油茶林地生草的目的。生草能有效地防止地表土、肥、水的流失，改善土壤的结构和理化性状，增加土壤中有机质含量，提高土壤肥力，而且有利于改善油茶林的生态条件，建立良好的生态平衡。需要注意的是，生草多年后，如地被性草太密太多，应及时翻压，以改善土壤透气性。

（4）覆盖。油茶林地常见的覆盖包括有机物覆盖和地膜覆盖。有机物覆盖以作物秸秆、杂草、林地抚育剩余物等居多。有机物覆盖一般一年四季均可进行，但以夏初、秋末为最好。覆草前应适量追施氮素化肥，随后及时浇水或降雨追肥后覆草。覆盖有机物后要根据油茶生长情况适当减少速效氮肥的施用量，以免降低油茶果实品质。油茶林地覆盖用的地膜有多种，大部分具有保墒提墒作用，并起到抑制或杀死杂草的作用，节约劳动力，目前应用较多的为防草布。覆盖地膜后，土壤有机质矿化率高，含量降低快，因此应结合开沟扩穴，施用一定量的有机物，而且覆盖地膜前要施足矿质肥料。另外，覆盖地膜部位夏季的地温高，不利于根系生长，要在地膜上撒些土或盖适量的杂草等。

一般不提倡油茶与高大乔木混交，局部地方要种也要根据树种互利共生原则及物候、土壤条件，在油茶林地边缘、山脊、道路两旁保留或种植大径材、珍贵树种、经济树种，如核桃、桉树、杉木、闽楠等，新造和种植技术需要稀植，保证油茶通风透光。此外，在茶叶产区，可发展"油茶＋茶叶"复合种植模式，茶树采取双行栽植，控制在每亩 3500~5500 株，茶苗与油茶距离 50cm 以上，油茶每亩株数控制在 30~50 株（如采取条带种植，间作茶叶靠近条带内侧，油茶种植于茶叶带中，碰到茶叶需挖除），茶树修剪高度 80cm 左右，油茶培育高度 2~2.5m，冠幅 5m² 以上，形成复层结构的混交林。

7.2.3 土壤一般管理

（1）深翻扩穴。从栽植穴的外围开始，逐年向外挖宽 50~70cm 的环形沟，一般在深秋或冬季进行，结合施有机肥。深翻深度 40~50cm，与定植穴或前次深翻沟接茬，不留中间夹生层。挖出的表土与心土分别堆放，土壤回填时，表土与有机肥混匀填入下层和根系周围，心土填在最上层。

（2）冬季耕翻。油茶林地冬季耕翻可破坏表层土壤结构和根系，促进根系向深层生长，提高根系的抗逆性，并扩大吸收范围；翻耕深度一般以 35cm 左右为宜。

（3）中耕除草。油茶林中耕的主要目的在于清除杂草，保持土壤疏松，减少水分、养分的散失和消耗。时间和次数因气候条件和杂草量而定，一般每年进行 2~3 次。中耕深度一般为 10cm 左右，过深多伤根，对油茶生长不利；过浅则起不到中耕应有的作用。

（4）增施有机肥。促进微生物代谢和繁育、改良土壤结构、增强土壤保肥供肥及抗旱能力、减少土壤养分固化，提高化肥利用率、减轻土壤污染。施用有机肥需注意肥料必须充分腐熟、要开施肥沟施入并且要与土拌匀，以增加土壤改良和培肥面积。通常施肥与土壤管理、除草工作尽量结合，可节约劳动力。

7.2.4 控草技术

油茶林地杂草类型多样，包括阔叶杂草、一年生杂草、多年生杂草等。控草是调控林地光照、通风、温湿度、防病虫害和冬季安全防火的需求，是促进油茶树体健康快速生长的重要技术手段，一般通过人工、机械、化学等方法，除去恶性杂草、灌木，控制一年生杂草高度，提倡人工和机械除草。幼林每年 2 次，每年春末夏初（5 月底前）和秋季（9 月以后）各除草 1 次，成林在秋季除草 1 次。注意：油茶林地应当适当保留部分矮草，保持林地植被生物多样性。

（1）人工除草。用人工拔草、割草或浅耕等方式清除杂草，对于宿根性多年生恶性杂草及顽固性蕨根等，采用人工清除根块，清除的杂草及时深埋于土中（不能在树蔸部埋青）或直接暴晒于行间地表。注意新造林当年油茶苗穴位直径 40cm 范围不能动土，需手工拔除新造林树周边的杂草。

（2）机械除草。可与人工除草结合进行，用园林割草机或机械割除生长过快、过高的杂草。注意机械除草过程中，保护好油茶树体。

（3）化学除草。对面积较大、人工和机械除草难以保障的油茶林地，为了消灭杂草，节省用工，可根据林地杂草种类季节合理使用除草剂（注意：可在种植后的前三年对处于幼林期的林分采用除草剂去除恶性杂草，3 年后禁用除草剂）。化学除草一般在每年 5 月和 9 月进行，温度为 10~24℃为宜（高温季节林地杂草已郁闭时不能除草），避开露水、高温和降雨时间段，除草时需做好油茶苗保护措施，风力过大则停止用药。以采用草甘膦铵盐粉剂叶面喷施为例，具体操作如下：先人工清理树蔸直径 1m 范围的杂草，用轻质护罩把幼树罩住，喷施的药液有效成分浓度为 60~80g/ 桶，用药水量为 3 桶（15kg）/ 亩，使用喷头带有保护罩的喷雾器均匀喷洒，间隔 7~10 天进行二次用药。注意：禁用根系吸收传导的化学药剂。

（4）以草抑草。油茶林地提倡以草抑草，种植鼠茅草、野豌豆等覆盖度大的草种，达到覆盖地表、抑制杂草生长的效果；或者通过除掉蕨类、藤本、茅草等有害杂草，逐步培养或种植地毯、三叶草、苜蓿、百喜草、紫苜蓿等具备土壤改良或有固氮能力的低矮的牧草、绿肥。

7.3 肥水管理技术

油茶适应性广，对土壤要求不严，能耐瘠薄，但是油茶秋花冬实，从花芽分化，到翌年果实采收需要 18~19 个月的时间，其中花果并存的时间达 5 个多月，老百姓称之为"抱子怀胎"，即挂果期间孕育花蕾，准备开花，一年四季花果不断。因此，油茶虽然在立地条件不好的低山丘陵能够自然生长，但如果水、肥供应不足，产量将受到影响。在油茶的主产区浙江、江西、湖南一带，就有"7 月干球，8 月干油"之说。要实现油茶的高效经营，水肥管理是必需的手段之一。

土壤中要有肥。植物生长发育离不开养分供给，农业上"庄稼一枝花，全靠肥当家"说的就是养分对于植物的重要性。油茶较耐干旱瘠薄，但要获得高产，同样需要充足的不间断的养分供给。因此，油茶林地造林后要根据油茶生长、结实情况及时适量施肥。

油茶成林根据挂果年龄，分初果期和盛果期两个阶段，不同阶段施肥要求不同。

7.3.1 施肥用量及方法

油茶成林分初果期（造林 5~8 年）和盛果期（造林约 8 年后）。初果期的油茶应该重视磷肥的施入，同时配施氮磷钾，氮、磷、钾的比例以 10∶6∶8 为宜。3 月春梢萌发前，施复合肥或专用肥，每株 0.5~1kg，开施肥沟施入；6~7 月果实膨大前再追施一次硫酸钾，每株约 0.25kg，以壮果增油，可雨后施或随水施；11~12 月，施有机肥 4~6kg、复合肥 0.25~0.5kg 作为越冬基肥，开施肥沟施入。盛果期的油茶对磷、钾需求量增大，施肥时应氮、磷、钾配合，氮、磷、钾的比例以 10∶8∶10 为宜。3 月施复合肥或专用肥，每株 1~2kg，开沟施入；6~7 月再追施一次硫酸钾，每株约 0.25kg；11~12 月，施有机肥 5~8kg、复合肥 0.25~0.5kg 作为越基肥，开施肥沟施入。在追肥的基础上，还可以进行适量的叶面施肥，以微量元素、磷酸二氢钾、尿素和各种生长调节剂为主。在生产实践中通常结合多种生产行为进行，将施肥、松土、除草等一起完成。

7.3.2 油茶成林施肥原则

油茶成林施肥需掌握的原则是看山施肥、看树施肥、看肥施肥、看季节施肥。一般山地贫瘠的林地施肥量可多点，立地条件较好的林地可适当减少肥料用量，尽量做到缺什么补什么。看树施肥要分大小年确定肥料种类，一般要求大年多施氮、磷肥，以固果和促进花芽分化，做到需要什么补什么。施肥的种类、搭配和用量应根据具体情况而定，肥料不同，用量和方法不同，如有机肥需冬季开沟施入，而可溶性速效肥料可于雨后施于土表或随水施入。油茶在不同生长季节对养分的需求不同，通常早春多施氮肥和适量的钾肥，以促进抽梢、发叶、壮果、保果；夏秋多施磷肥、钾肥和适量的氮肥，以壮果、促进花芽分化；冬季多施磷肥和钾肥，以固果和防寒。另外，施肥位置最好逐年更换，并适当加深和加宽施肥沟，以促进油茶吸收根层的增加和发展。在冬春季结合松土等作业施基肥和化肥后，生长结果季根据树体营养情况补充速效肥。

（撰稿人：曹永庆、姚小华，中国林业科学研究院亚热带林业研究所；
胡冬南，江西农业大学）

第8章
低产林改造技术

油茶低产林是指进入盛产期之后亩产茶油不足 10 kg 的油茶林。导致油茶林低产的原因是多方面的，可归结为林分衰退、林地荒芜、品种不良三大原因。应根据低产林形成的具体原因，因地制宜采取针对性改造措施。本章主要内容包括抚育改造、更新改造、品种改造（高接换冠）等技术内容。

8.1 抚育改造

针对品种固有结实能力良好，但因长期疏于管理而导致林分过度郁闭、树体紊乱、林地荒芜等的成年油茶低产林，因地制宜采取密度调整、树体改良、土壤改良等抚育措施加以改造。

8.1.1 密度调整

按照"留优去劣，间密补稀"的原则，对过密的油茶林进行疏伐，同时淘汰老残病劣株、不结果和少结果株。对行内缺株和淘汰的劣株，补植适宜配置的 3 年生以上良种大苗，或以良种穗条进行高接换冠。尽量保持林分密度均匀、株行距规整，一般每亩保留 60~70 株，郁闭度 0.6~0.7。对于杂灌丛生的油茶林，应同时进行林地清理，连根清除林内杂灌木、杂竹和恶性杂草。

8.1.2 树体改良

对于树体紊乱的低产树，合理选用"亮脚"修剪和简化修剪方式，调整不合理树体结构，因树制宜整成自然圆头形、自然开心形或主干疏层形。

"亮脚"修剪方法：重点疏删基部多余主枝、不合理骨干枝和下脚枝，过密林、衰老树、冠下应重剪，保持主干高度 50cm 以上，主枝数 3~5 个，主枝基角 30°~60°。

简化修剪方法：在"亮脚"修剪的基础上，重点疏删或回缩导致树冠搭接、冠内密挤、树体紊乱的过密侧枝、内膛衰弱枝、过旺冲顶枝和偏冠枝，保持内膛通风透光良好，树冠株间不搭接、行间空隙 50cm 以上，树高 3m 以下。

疏剪时剪口应与枝干齐平或略凸，防止留残桩；5cm 以上大枝剪口应涂抹伤口保护剂。

8.1.3 土壤改良

油茶低产林土壤改良的主要目的是提升土壤地力，营造"深、松、肥、潮"的土壤环境，培养"深、广、密、嫩"的油茶根系，达到"根深叶茂、花果多"。目前，林地深翻、生草栽培、林地间作、科学施肥等是油茶园土壤改良的常见方法。

8.1.3.1 林地深翻

晚秋或冬季结合施基肥进行深翻，促进土壤熟化，冻死越冬害虫卵蛹。深翻分全园深翻和隔行深翻两种。一般对荒芜的林地实行全园深翻，深度以 30~50cm 为宜，疏松土壤，更新根系。也可在行中间开沟，宽 50cm 左右，隔一行扩一行，下一年再扩另一行。

8.1.3.2 科学施肥

改造后的油茶林要科学施肥，即在果实采收后要施足基肥并配施硼、锌微肥，花期叶面喷施保果素或早春追施速效氮肥，并配施适量磷肥；果实发育中期保证钾肥和水分的供应，尤其要重视 6 月中旬氮、磷、钾、钙、镁养分的均衡供应，具体参照表 8-1。

表 8-1 改造后油茶树标准施肥量表

施肥时期		施肥种类	数量（kg）	备注
基肥（采果后 10~11 月）		有机肥 + 生物肥 + 硼锌微肥	20+1+0.05	基肥宜早施
追肥 3 次	花期喷保果素	油茶保果素	1~2 次	肥量不宜大，根据品种和挂果量不同做适当调整
	坐果肥	复合肥 + 钙镁磷肥 + 硫酸钾	0.2+0.5+0.3	
	壮果肥（5 月下旬至 6 月上旬）	复合肥 + 少量尿素	0.5+0.25	

8.1.3.3 林下生草与间作

结合林地深翻，在行间或全林（树盘除外）人工生草或自然生草，可以减少水土流失，使油茶树害虫的天敌种群数量增大，增加土壤有机质含量，提高土壤肥力，有效改善土壤理化性质。根据林地自然条件，单播一种草籽，或混合播种 2 种或多种草籽，通常选择野豌豆、百喜草、鼠尾草、三叶草、黑麦草、紫云英等，宜晚秋择雨后播种。也可利用油茶林自然生草，清除林地杂灌木和高干、深根、入侵性过强的恶性杂草，保留林地其余草本植被。生草一般长到 30cm 以上时，要及时刈割，全年刈割 3~5 次。一般情况下，油茶林生草 3 年后，草逐渐老化，要及时翻压，3~4 年后再重新播草。

图 8-1　油茶林下生草和间作（药用黄菊）

林下光照较好的油茶林，可在林下间作经济作物、绿肥、中药材等，实现以耕代抚、以短养长。间作物必须植株矮小，不影响树体的通风透光和正常生长；要便于管理，病虫少，不传播病虫害；生育期短，需肥水少，有利于提高土壤肥力和理化性质的改善。避免间作高秆作物、叶菜类蔬菜及吸收肥力强的经济作物。

8.1.4　花果管理

油茶为秋冬季开花、异花传粉植物，秋冬季温度低、传粉昆虫活动少，易出现授粉受精不良、坐果率低现象。同时，由于油茶花果发育时期长且交叉重叠，养分供需矛盾突出，落花落果和大小年现象严重。加强花果管理，可有效提高油茶坐果率，从而提高油茶林产量。

8.1.4.1　引蜂授粉

油茶是典型的虫媒花，授粉昆虫主要为野生土蜂，种类主要有油茶地蜂（*Andrena camellia*）和大分舌蜂（*Colletes gigas*）。在一个月左右花期内，1 只蜂要从 2000~6000 朵花上采集 0.6 亿 ~1.4 亿粒花粉，而 1 株冠幅为 6m^2 左右的成年树的开花数 2000~3000 朵，平均每株树有 1~2 只蜂即可。

野生土蜂一般可自然增殖，无需特殊的饲喂，应创造适宜土蜂营巢的土壤条件，油茶地蜂适宜在第四纪红壤筑巢，大分舌蜂适宜在麻石质土筑巢。10~11 月下旬土蜂羽化出土时经常成群地在巢穴周围活动，不得喷施农药和放火烧蜂巢。土蜂数量不足时，可以在地表或坡埂打引蜂孔，采用吹送法或插花小罩法引放已交尾土蜂，保持引蜂孔土壤疏松湿润。

在油茶林人工放养意大利蜂或中华蜜蜂授粉是值得探索的方法，通常每 5~10 亩茶园放一箱蜂，饲喂解毒药物或避开幼蜂采油茶花蜜，可达到一定的效果，但技术尚不成熟。

8.1.4.2 人工辅助授粉

人工授粉是克服自然授粉不充分的辅助手段。首先按花粉量 1kg/50 亩准备授粉品种花粉，在授粉前 1~3 天采集油茶大蕾期（气球期）的花或刚开放但花药尚未开裂的花，收集花药，摊放在通风避光处阴干，0~4℃干燥避光条件下保存。

授粉的方法有无人机液体授粉、人工点授等。两种常用花粉溶液配方：①水 10kg、蔗糖（或砂糖）1kg、硼酸 10~20g、纯花粉 10g；②水 500g、砂糖 25g、46% 尿素 1.5g、硼砂 1.5g、纯花粉 0.5g。硼酸或硼砂在使用前再加入混匀。

8.1.4.3 保花保果

在花芽分化期、开花期、坐果期，合理喷施叶面肥（图 8-2）、植物生长调节剂和保花保果剂（油茶保果素），促进花芽分化和保花保果。目前应用较多的有赤霉素、萘乙酸、尿素、ABT 6 号、钼酸铵、硼酸等。近年来，许多单位研制了保花保果产品，取得良好的效果，如专利产品"油茶保果素"，在油茶盛花期喷施 1~2 次，能促进花粉萌发和花粉管伸长，平衡补充各种微量元素，有效减少落花落果，显著提高坐果率，增产达 30% 以上。

图 8-2 花期叶面施肥效果

8.2 更新改造

对于林地生态环境良好，因树体老化、林分衰退导致低产的油茶老残林，因地制宜采用带状轮替更新、块状全面更新等措施，将低产老残林改造成为高质量丰产林，实现亩产茶油 40kg 以上高产目标。目前我国进入衰产期、急需更新的油茶老残林面积 2000 万亩以上，是油茶低产林改造的重点和难点问题，应予以高度重视。

8.2.1　更新改造方式选择

带状更新是按照一定的宽度交替设置更新带和保留带，更新带清山整地后以良种大苗第一次更新造林，待更新株进入初产期后再将保留带依同样方法进行第二次更新造林，从而达到分期分批轮替更新改造的目的。

带状更新具有对生态环境干扰影响小、能保持和恢复一定产量、可结合剩余物还山发展林下经济和可改造成为高质量丰产林的显著优势，也存在施工难度大、技术要求高、更新带内光照差、幼树生长慢的弱点，适合立地和作业条件良好、连片规模较大的油茶低产林，是值得大力推广的更新改造方式。

块状更新方式对生态环境干扰影响大、生态系统恢复慢、成林前无收成，但作业方便、技术难度低，适宜面积不大（小于 60 亩）、地形破碎、不适宜带状更新的油茶低产林。块状更新改造方法与新造林相近（参见第 4 章、第 5 章）。

8.2.2　作业带设计

作业带设计对更新后新栽植的油茶植株（更新株）的光照条件有重要影响。更新带宽应大于 2 倍树高，通常 7~9m，以保证更新株受光率 80% 以上、日均光照时长 6 小时以上。更新株光照不足时应对保留带两侧植株进行修枝，以扩大带宽和降低树高。保留带与更新带等宽或略窄，但不小于更新带宽的 2/3（图 8-3）。

同一更新带内以每带栽植 2 行为宜，更新行与保留带林冠的距离（行边距）以 2.0~2.5m 为宜，两更新行之间的距离（行间距）以 3~4.0m 为宜。

作业带方向应根据坡面情况设置。坡度小于 15° 时，可顺坡设置，以方便机械作业；坡度大于 15° 时，应横坡设置，以减轻水土流失；行向规整的林分依原有行向，以减少作业成本。

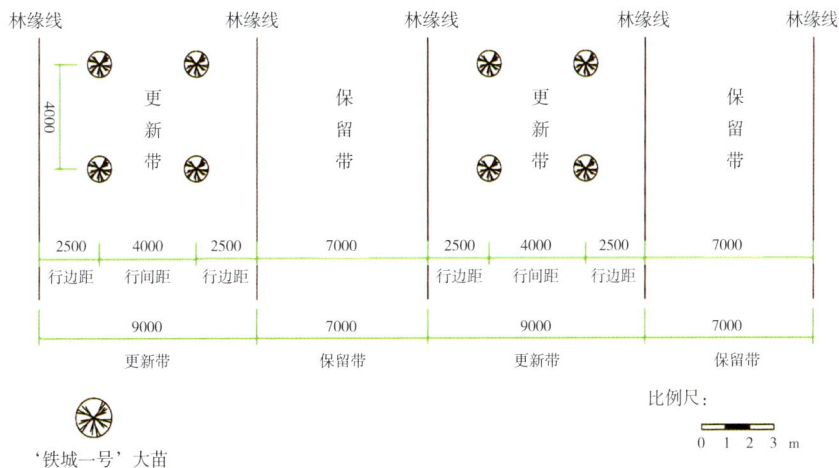

图 8-3　带状更新作业带设计示意图（9+7m 带）

8.2.3 更新带改造（一次更新）

提前一个季节以上清除更新带内全部油茶植株和乔灌木，按常规新造林整地方式与常规相同或相近。提倡撩壕整地，撩壕规格 60cm（宽）×60cm（深）以上，壕内就地收集枯枝落叶、改造剩余物、腐殖土等填埋。

提前 1~2 个月挖定植穴，穴内施足底肥，施肥量较常规新造林适度提高，12月至翌年 2 月选用 3 年生以上良种大苗造林。

更新后 1~3 年内应加强幼林抚育管理，清除遮蔽幼树的保留带树枝，促进快速形成树冠，如图 8-4。

图 8-4 更新带改造效果

8.2.4 保留带改造（二次更新）

一次更新后 3~5 年应轮替对保留带进行更新改造。改造方法与一次更新带相同或相近。轮替更新时间以一次更新行开始挂果、树冠与保留带尚有 0.5m 以上空隙时为宜，不晚于一次更新行始果期后，不早于一次更新行树冠基本形成前。实行生草栽培和林下间作快速恢复林下植被的，可适度提前更新。

轮替更新后，应对两次更新株实行差异化抚育管理，尽快恢复林相整齐。

8.2.5 生态环境和生物多样性保护

更新改造时，注意保护生态环境和生物多样性，禁止粗暴式改造方式。对生态重要区和脆弱区的林分，不宜更新改造。

实生油茶老林蕴含丰富的遗传资源，改造前应对全林油茶种质资源情况进行摸底踏查，原地或迁地保护优良种质基因。

8.2.6 改造剩余物还山利用

更新改造后会产生大量油茶植株、枝丫、树蔸、杂草灌木等，应集中粉碎，就地覆盖林地或培蔸回填，或经过制备肥料、育苗基质、食用菌培养基质等资源化处理后间接还林还山，以保持水土、培肥地力和发展林下经济，实现资源循环和营养多级利用。

8.3 品种改造（高接换冠）

对于树体生长良好，因品种不良导致低产的油茶林，选用2~3个油茶良种，因地制宜采用大树嫁接换冠方法，全部或部分进行品种改造，保留位置适当、表现良好的原有植株。连片改造面积或改造强度较大的，宜隔行或隔带（2~3行）轮替进行。高接换冠方法进行品种改造见效快、效果好。

8.3.1 嫁接树准备

提前清理林地、调整密度、合理修枝和垦复施肥，准备好嫁接树。具体方法参见第1章。

8.3.2 大树嫁接换冠方法

适合油茶高接换冠的嫁接方法主要有撕皮接和插皮接两大类（图8-5至图8-7）。撕皮接又细分为撕皮腹接、撕皮嵌合接，二者削穗和开砧方式稍有不同。不同高接换冠方法各有优劣，可因地制宜采用。

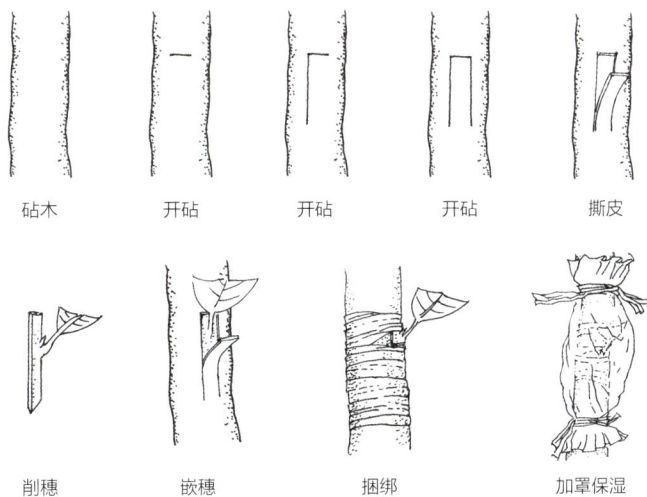

砧木　开砧　开砧　开砧　撕皮

削穗　嵌穗　捆绑　加罩保湿

图8-5　油茶撕皮腹接示意

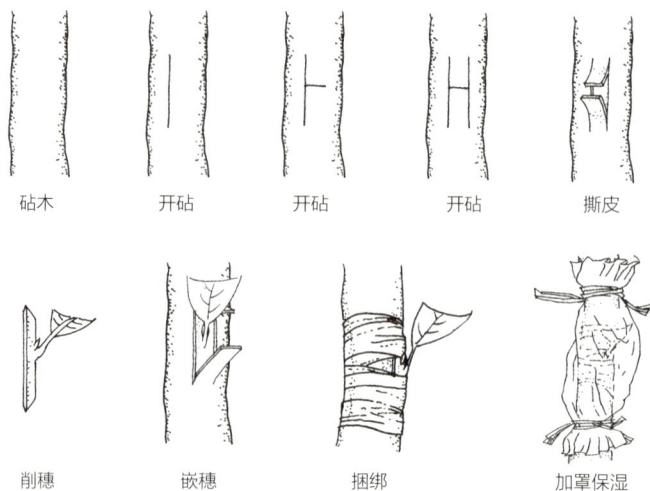

砧木　　　开砧　　　开砧　　　开砧　　　撕皮

削穗　　　嵌穗　　　捆绑　　　加罩保湿

图 8-6　油茶撕皮嵌合接示意

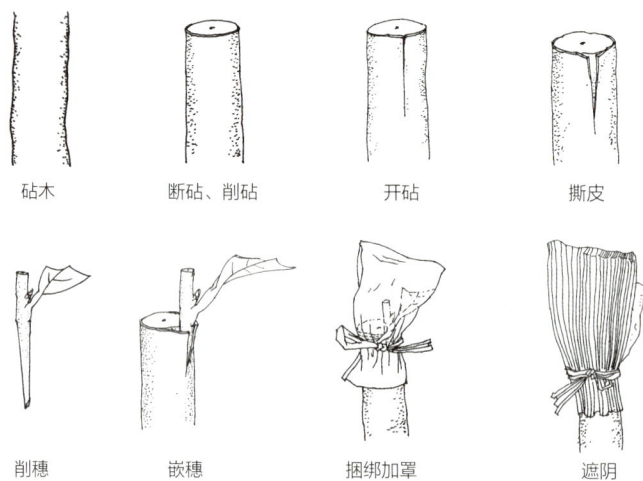

砧木　　　断砧、削砧　　　开砧　　　撕皮

削穗　　　嵌穗　　　捆绑加罩　　　遮阴

图 8-7　油茶插皮接示意

8.3.3 基本操作步骤

　　撕皮接宜在树液开始流动、形成层细胞活动、树皮易剥离时进行，夏接 5 月下旬至 7 月上旬，秋接 9 月至 10 月底。撕皮接基本操作步骤和改造效果如图 8-8，插皮接操作步骤和改造效果详见第 1 章。

（a）嫁接　　　　　　　　　（b）包扎　　　　　　　　　（c）截冠

（d）新梢　　　　　　　　　（e）开花　　　　　　　　（f）第三年结果

图8-8　油茶撕皮接基本操作步骤和嫁接效果

8.3.4　接后管理

（1）解罩。夏季嫁接的，在9~10月将保湿罩解除；秋季嫁接的，在翌年春季进行解罩。解罩最好选在阴天进行或在晴天早晚进行。

（2）断砧。夏季嫁接的，在8月下旬至9月上旬断砧；秋季嫁接的，在11月上中旬断砧。断砧方法是在接枝上方5cm左右截干，用油漆或凡士林涂抹锯口进行保护。

（3）除萌。断砧后，砧木上会不断抽生萌芽条，应及时除掉。

（4）扶绑。大树嫁接后，接枝生长很快，徒长严重，易造成风折，对这些徒长枝应及时扶绑在砧桩上，避免风折。

（5）病虫害防治。嫁接后，接穗上抽生的枝条十分幼嫩，易受金花虫、金龟子和象甲等危害，应及时防治。具体防治方法参见第9章、第10章。

（撰稿人：袁德义、李建安，中南林业科技大学；

马锦林，广西壮族自治区林业科学研究院）

油茶病虫害防控技术

随着油茶种植面积的不断扩大，油茶病虫害的发生日趋严重，不同地区病虫害的种类和危害差异较大，严重影响油茶产量和质量，制约着油茶产业的发展。油茶病虫害的普遍发生是造成油茶低产的主要原因之一。加强油茶病虫害综合防治，是保证油茶高产稳产的一项重要工作，对促进油茶产业健康可持续发展意义重大。长期以来，油茶病虫害的发生及防治未引起人们足够的重视，粗放管理的模式一直没有得到根本性的改变。

近年来，重种植、轻管护、盲目依靠单一化学防治或根本不采取任何形式的病虫害防治措施的情况仍时有发生，这是导致油茶病虫害发生蔓延的根本原因。油茶病虫害种类较多，近年来新的病虫害种类也在不断呈现，危害程度和造成经济损失有所上升。据调查，我国危害油茶的病虫害种类很多，其中病害有 50 余种，虫害有 300 余种，还有少量的寄生植物如桑寄生、菟丝子、槲寄生等。每年造成油茶损失为总产量的 10% ～ 25%，严重年份及少数产区达 40% ～ 80%。油茶病虫害严重影响油茶生产，给油茶产业造成巨大损失，因此，要大力发展油茶产业，必须及时解决油茶病虫害问题。

当前，要长期保持油茶林的健康，确保茶油高品质，防止环境污染，必须建立以营林技术控制为基础，大力提倡生物防治，协调配合物理防治，再辅以化学防治的一系列综合绿色防控措施。既将油茶病虫害控制在允许的经济阈值以下，又能保证高品质无公害茶油的高产稳产，最终促进油茶种植户和相关企业的增产增收。

（撰稿人：周国英，中南林业科技大学）

第9章
病害及其防控技术

油茶病害的种类较多，且发生普遍，凡有油茶栽培的地方均有病害。油茶病害危害油茶果实、种子、叶片、枝干、根系等部位，造成大量油茶花蕾、果实、叶片的脱落、干枯，甚至全株死亡，严重影响油茶产量和品质，如果病害得不到有效的控制，油茶的产量就难以得到保证。油茶病害的发生受到栽培品种、林地环境、气候条件和管理水平等多种因素的综合影响，不同地区病害发生和危害的程度也存在很大差异。为了保障茶油产品质量，在合理选择药剂和施药时期外，还须严格检疫、选用抗性良种，加强抚育和栽培管理，采取预防为主、多种防治措施相结合的综合防治策略。本章主要内容包括油茶叶果病害及其防控、油茶根部病害及其防控、油茶枝干病害及其防控、油茶有害寄生植物及其防控等技术内容。

9.1 油茶炭疽病

油茶炭疽病（*Colletotrichum gloeosporioides*）是油茶的最主要病害之一，在油茶栽培区发生普遍且严重。油茶感染该病后，可引起落果、落蕾、落叶、枝梢枯死、枝干溃疡甚至整株衰亡。油茶炭疽病是影响油茶产量最主要病害，油茶果实被炭疽病病菌侵染后，降低种子的含油量，影响茶油质量。

9.1.1 危害症状

发病部位：病菌危害果实、叶片、枝梢、花芽和叶芽，病果开裂易落（图9-1、图9-2）。

图 9-1 油茶炭疽病的病叶、病果 图 9-2 油茶炭疽病整株衰亡

9.1.2 发生特点

病害全年都有发生。初始发病温度为 17~20℃，最适温度 27~29℃。

发病次序：先是嫩叶、新梢发病，后为果实、花蕾发病。夏秋间降雨量大，空气湿度高，病害蔓延迅速。果实炭疽病一般发生于 5 月初，8~9 月为发病盛期，并引起严重的落果现象，而且可以延续到霜降前后。病蕾在 6 月初现，8~10 月病蕾大量掉落。

发病率情况：一般低山 > 高山，山脚 > 山顶，林缘 > 林内，成林 > 幼林。发病期氮肥施得过多，常常会加重病情。

不同油茶品种和单株抗病率不同。我国大面积栽培的普通油茶最易感病，而小叶油茶则比较抗病，攸县油茶为高抗品种。一般小叶油茶的抗病率 > 普通油茶，寒露籽 > 霜降籽，紫红果和小果 > 黄皮果和大果。单株抗病力差异表现更为明显。

9.1.3 防治技术

油茶炭疽病由于初次侵染源广、受害部位多、发病时间长、危害面积大，加之油茶多分布在山区，施药操作比较困难，在防治上存在较大的难度。因此，对该病的防治以预防为主，采用综合治理措施。

（1）种苗检疫。油茶种苗繁育基地所有的种子、苗木、插条、接穗、砧木要不带油茶炭疽病，一旦发现苗木感病要及时扑灭病情；做好油茶种苗的调运检疫。在苗木、穗条出圃前严格进行检疫检验，禁止带病的穗条、种苗流入市场，做好油茶种苗的产地检疫。

（2）营林措施。①清理油茶林病源。结合油茶林冬、夏季垦复消灭病原菌。冬季垦复一般深挖 30~40cm，达到"土块翻边，草根朝天"，可以消灭土壤中的病虫害。

夏季垦复是浅锄，深度一般为 10~15cm，及时消灭杂草，防止土壤干旱，增加土壤通透性，提高植株抗性。同时结合冬季和夏季修剪，剪除树上各发病部位，特别注意剪除发病的新梢，摘除早期的病果和病叶。清除油茶林中的历史病株，补植抗病植株。②科学管理土壤，调整林分结构。合理种植密度，油茶林密度不宜过大，通风透光，降低林内湿度。若要间种，需选择矮秆作物，忌用高秆作物。适当增种绿肥，发病期不宜多施氮肥，应增施磷、钾肥，以提高植株抗病力。③选用抗病品种。

（3）生物防治。可选用一些拮抗微生物生防菌剂（如油茶专用生防菌剂、农用抗生素），可预防病害的发生，同时还可促进苗木和幼林生长。生防菌剂对病害防治预防效果高于治疗效果。在病果初发期选用果力士可湿性粉加水 600 倍每 10 天喷 1 次，连喷 4 次。

（4）化学防治。春季萌芽抽梢期 3~4 月、果实发病盛期的 8~9 月、花期（10~11月）是油茶炭疽病防治的关键时期。收果后和幼果开始膨大时可喷洒 50% 多菌灵500 倍液；在早春新梢发出后，喷洒 1% 波尔多液；或选用 1% 波尔多液加 1%~2%茶枯水、50% 多菌灵可湿性粉剂 500 倍液、50% 退菌特加水 800~1000 倍液、60%多·福可湿性粉剂 1000 倍液等，于 6~9 月，特别是病果盛发期前 10~15 天起每隔 15天喷一次，连喷 3 次。选择晴天特别是雨过天晴后喷药效果好。

9.2 油茶软腐病

油茶软腐病（*Agaricodochium camelliae*），又名油茶落叶病、叶枯病，是仅次于油茶炭疽病的主要病害，在各油茶产区均有不同程度的发生，主要危害油茶的果实和叶片，导致落叶落果，病株率达 15%~20%，严重时可达 95% 以上。受害油茶往往成片发生，如遇连续阴雨天扩散速度更快，严重时发病率达 100%。在南方对于油茶苗期，则全年都有可能发生，造成苗木落叶后成片死亡。

9.2.1 危害症状

发病部位：危害油茶叶、果和芽。危害各幼嫩部位，以叶片受害最重（图 9-3）。

图 9-3　油茶软腐病叶和病果

9.2.2 发病特点

一般来说，苗圃容易发病。春季当日平均气温回升到 10℃以上，病菌开始初侵染。气温在 10~30℃，病菌均能发生侵染，但以 15~25℃发病率最高。

油茶软腐病只有在阴雨天发生。每次中到大降雨后，林间相继出现许多新病株、新病叶。雨量大，雨日连续期长，新病叶出现多；反之则病叶少。南方 4~6月是油茶产区多雨季节，气温适宜，是油茶软腐病发病高峰期。10~11 月"小阳春"天气，如遇多雨年份将出现第二个发病高峰。

山凹洼地、缓坡低地、郁闭度过大的油茶林，林间湿度较大易造成该病害流行；管理粗放、萌芽枝、脚枝丛生的林分发病比较严重。

9.2.3 防治技术

防治上应以栽培技术措施为主，加强培育管理，提高油茶林的抗病能力。采穗圃、苗圃等可考虑药剂防治。

（1）选育良种，严格检疫。新造林的种苗，宜选用高产、优质及具有抗性的品种，并逐步淘汰劣质品种和劣株。严格实行种子检疫制度，严防带菌种子、苗木、穗条用种用。

（2）栽培技术措施。选择土壤疏松、排水良好的圃地育苗，加强苗圃管理。圃地要及时松土除草，培育大苗要疏密相宜，适度疏枝修剪，发现病苗及时仔细清除病原，防止蔓延。病果种子可能带菌，避免从病树上采种。抓好土壤管理和林相、树体改造工作，同时注意改善林地卫生情况，宜砍除、烧毁有严重软腐病病史的病株；改造过密林分，适度整枝修剪，冬春结合整枝修剪，清除越冬病叶、病果、病枯梢。

（3）生物防治。可选用一些拮抗微生物生防菌剂，可预防病害的发生，同时还可促进苗木。生防菌剂对病害防治预防效果高于治疗效果。

（4）化学防治。波尔多液、多菌灵、退菌特、甲基托布津等药剂均有较好的防治效果。根据油茶软腐病的发生规律，应注意选择附着力强、耐雨水冲刷、药效持续期长的药剂。1∶1∶100 等量式波尔多液，晴天喷药后附着力强，耐雨水冲刷，药效期持续 20 天以上，是目前较理想的药剂。喷药时间以"治早"为好，第一次喷药在春梢展叶后抓紧进行，用 1∶1∶100 的波尔多液全树喷雾，以保护春梢叶片。雨水多、病情重的林分，5 月中旬至 6 月中旬再喷 1~2 次，间隔期 20~25 天。

9.3 油茶煤污病

油茶煤污病（*Meliola camelliae*）在我国油茶产区都有发生，多发生在海拔较高的山区。受害严重时油茶成片枯死，导致油茶林提前衰败。通常局部地区严重发生，煤污病流行年份油茶籽减产 10%~25%。

9.3.1　危害症状

油茶煤污病又称"煤病""烟煤病"，主要危害油茶枝叶，在叶正面及枝条表面产生黑色煤尘状物，在枝叶表面形成一层很厚的覆盖层（图 9-4），使油茶光合作用受阻，生长衰弱，影响油茶树生长和结实，降低油茶的产量和品质。

图 9-4　油茶煤污病的病叶

9.3.2　发生特点

病菌喜凉爽、高湿的环境，生长最适温度为 10~12℃。油茶绵蚧（*Metaceronema japonica*）和黑刺粉虱（*Aleurocanthus spiniferus*）的分泌物是本病发生的诱因，因病菌多从这两种虫的分泌物中吸取营养，同时也随蚜虫和蚧虫而传播。

一般病菌在油茶枝叶病部越冬，翌年 3~6 月和 9~11 月为发病盛期，与油茶绵蚧等害虫排蜜高峰期（3~4 月和 9~10 月）相重合。

该病主要发生在荫蔽的油茶林地，或地势低洼、周围通风条件差的阴湿环境下。林分密度过大以及处于阴坡和山窝等处的林分，也易发病。油茶林湿度大发病重，盛夏高温停止蔓延。

油茶煤污病经常在海拔 300~600m 的林分中发生，低山丘陵地区虽也有发生，但一般不严重。

9.3.3　防治技术

油茶煤污病主要随虫害猖獗而流行，防病的关键在治虫。

（1）营林措施。选择优良的抗性品种。发病初期，及早除去病虫枝叶，并烧毁，以免扩散蔓延。成林应注意修枝、间伐，保持适当的密度，使林内通风透光，既有利于开花坐果，又可减轻发病程度。此外，在林内栽植山苍子是防治煤污病的有效措施。另外，林下套种牧草，如苜蓿、白三叶等豆科牧草，可促进油茶生长，减少化学肥料的施用，提高经济附加值，促进林牧业的协调发展。豆科牧草花期长，有利于吸引蜜蜂、切叶蜂等有益昆虫，减少蚜虫的危害。同时，改良土壤，增强油茶抗病力。

（2）生物防治。黑缘红瓢虫是蚧虫的主要天敌，成虫有群集性和假死性，较易捕集。可在瓢虫密度高的林分中收集，携至发生蚧虫和煤污病的林分中释放。每株释放1~2头瓢虫可达到控制蚧虫和煤污病的目的。瓢虫的远距离运输以在越冬期进行为好。

（3）化学防治。防病必须先防虫，凡发生煤污病的油茶林，一般害虫危害严重。发现这类害虫时，在蚧虫、蚜虫孵化盛期至2龄前喷药，即用10%吡虫啉乳油800倍液等防治。施用农药应注意保护天敌，在蚧虫密度不很高的林分中不宜滥用。

9.4 油茶茶苞病

9.4.1 危害症状

油茶茶苞病（*Exobasidium gracile*）又名叶肿病、茶饼病、茶桃等，是油茶芽叶的重要病害之一。主要危害油茶的花芽、叶芽、嫩叶和幼果，产生肥大变形，嫩梢最终枯死（图9-5）。

图9-5　油茶茶苞病（茶桃、肥耳状）

9.4.2 发生特点

油茶茶苞病的发生与气温、日照、湿度及品种等因素密切相关。该病一般只在早春发病一次，最适发病的气温是12~18℃，发病时间相对较短。常发生于雨量充沛、低温、高湿、多雾的环境条件。

9.4.3 防治技术

（1）营林措施。做好冬季清园工作，清除感病的叶片、幼芽并集中销毁，减少侵染来源；合理修剪，增加通风透光性，加强土肥水管理，松土除草、整形修剪，保持林内通风透光、促进油茶树体健壮及生长发育，提高抗病能力。

（2）化学防治。对于油茶茶苞病发生严重、大面积发病的林分，在剪除病原物的前提下，应结合化学防治。在3月上旬至4月上旬，利用1∶1∶100波尔多液进行全雾喷洒1~2次或用10%多抗霉素1000倍液或45%咪鲜胺水乳剂3000倍液进行全树喷雾；在发病期间喷洒1∶1∶100波尔多液或0.5波美度石硫合剂，施用3~5次，效果较好。

9.5 油茶藻斑病

9.5.1 危害症状

油茶藻斑病（*Cephaleuros virescens*）主要危害油茶的叶片和嫩枝，影响叶片褪色和早落（图9-6）。

（a）藻斑病前期　　　　　　　　（b）藻斑病后期

图9-6　油茶藻斑病

9.5.2 发生特点

油茶藻斑病每年4月开始至9月结束，特别是6月属传播侵染的盛期。藻斑病在油茶密度大、阴湿、通风透光不良条件下发病严重，空气湿热有利于发病。管理不善、树势衰弱，促使病害发展蔓延，影响油茶的生长。土壤贫瘠、积水及干燥地，发病严重。

9.5.3 防治技术

（1）营林措施。加强油茶林清理，及时疏除徒长枝和病枝，适当修剪，促使通风透光，降低油茶林内湿度。多施磷钾肥，可以增强树势，提高抗病力。

（2）化学防治。对发病严重的油茶园，可以在4~6月或采果季节结束后，喷杀菌剂进行防治。因藻类对铜素非常敏感，故可用1%波尔多液喷雾防治效果较好，可减轻翌年病害的发生。

9.6 油茶根腐病

9.6.1 危害症状

油茶根腐病（*Rosellinia arcuata*）是油茶种植中常见的一种根部病害。主要危害油茶幼苗，多发生在近地面的茎基部或根茎部。先侵染苗木根颈部，逐渐扩大成块状腐烂病斑，其表面产生白绢丝状物，潮湿条件下可蔓延至地面，最后产生初为白色、后扩大为淡红色或黄褐色或茶褐色的油茶籽状小颗粒（图9-7a）。油茶树感病后，新梢抽发少，叶片褪绿发黄，严重时变褐色枯萎、开花少，最后油茶树整株枯死（图9-7b）。

（a）油茶根腐病受害根部   （b）油茶根腐病病株地上部分

图9-7　油茶根腐病

9.6.2 发生特点

一般根腐病的发生与土壤环境、栽培管理有很大关系，一般土壤黏重、地势低洼、保水保肥能力差的土壤容易发病。

病原菌适宜生长于pH值为4左右的土壤中，特别是土壤黏重、排水不良的圃地。酸性和中性土壤病害发生重，碱性土壤发病则轻。在自然状况下，可以从一病株为起点，向周围邻株蔓延危害，形成小块病区。7~8月是重病株死亡期。

土壤中的病原菌是每年苗木发病的重要侵染来源。病菌菌丝能沿土表向邻株蔓延，特别在潮湿天气，当病、健株距离相近时，菌丝极易蔓延扩展。此外，调运病苗、移动带菌泥土以及使用染菌工具也都能传播病菌。

9.6.3 防治技术

（1）营林措施。选用土壤疏松、排水方便的圃地育苗，圃地育苗要求适宜密度，发现病苗要及时清除，防止蔓延。发病严重的圃地，可与禾本科作物进行轮作，轮作年限应在4年以上。发病圃地里，每亩施生石灰50kg，可减轻下一年的病害。清除油茶林行间的杂草，冬春季节结合垦复和修剪，清理病枝、病叶、病果，有利于通风透光，可减轻病害的发生。选择适宜的油茶树品种，品种尽量选择抗病丰产良种。在炎热的季节，用透明的塑料薄膜覆盖于湿润的土壤上，促使土温升高，并足以致死菌核，从而达到病害防治的目的。

（2）生物防治。在发病地区，采用木霉菌、假单胞杆菌及链霉菌等微生物菌剂处理植物的种子或其他繁殖器官，有较明显的防病效果。

（3）化学防治。移栽前土壤消毒，用熟石灰或50%福美双等药剂进行处理，或用多菌灵及福美双混合药粉消毒更加有效。发病初期，可使用50%多菌灵可湿性粉剂，或50%根腐灵可湿性粉剂，或30%噁霉灵进行防治。发病严重的植株甚至枯死的植株应及时拔除，并仔细掘除其周围的病土，添加新土；用熟石灰拌土覆盖，防止病害发生传播。

9.7 油茶半边疯病

油茶半边疯病（*Corticium scutellare*）又名白朽病、白腐病、石膏树，主要危害树干、枝干，是老油茶林内常见的病害。在发病严重的油茶林，病株率可达10%~47%。

9.7.1 危害症状

病害主要发生在树干基部或中部，同时也危害主根，严重时可蔓延至枝条上。染病后先是树皮腐烂木质部变色干枯在发病部位呈现一层石膏样的白色膜状菌体，远看雪白一条；最后病部下陷形成溃疡病斑，周围常有一层至数层愈合组织。病害在树干向上下扩展较快，向左右和内部扩展较慢，因此病斑呈长条状。患病油茶半边枯死至全株枯死。油茶感病后，病枝半边枯死、木质部变色，症状特征明显（图9-8）。

图9-8 油茶半边疯病

9.7.2 发生特点

油茶半边疯病流行发生与气温、林龄及立地条件关系密切。病原菌生长的适宜温度为 25~30℃，因此，病斑在 7~9 月扩展很快，气温低于 13℃时病斑停止扩展。在老林和萌芽林内发生较多，在青壮油茶林较少发生。密林发病多，疏林发病少，土壤瘠薄和管理较差的油茶林发病多，病原菌多从伤口侵入。

9.7.3 防治技术

（1）营林措施。加强抚育管理，造林密度不要过大，以便通风透光，促进油茶生长健壮，增强抗病力。林内生产活动注意保护油茶树，减少机械损伤，防止病原体入侵。老林更新不采用萌芽更新法，防止病害流行。每年 11 月至翌年 3 月前要及时砍除病株，防止病情扩散蔓延；结合垦覆适度修剪，清除病枝，以防林分过于郁闭，整枝修剪在休眠期进行，伤口不要过大，大伤口要刮光滑，以利愈合，防止病菌感染。清除的病枝、枯枝和疏删的枝条应运出林地集中焚烧。

（2）化学防治。冬季清园，喷 1~2 波美度石硫合剂，消灭越冬病原菌。每年 5 月左右，采用生石灰 50kg + 硫黄 2.5kg + 动物油 0.25kg + 食盐 0.25kg + 70% 代森锰锌可湿性粉剂 2.0kg + 水 70kg 对病株涂白。发现病害时，应刮去病部，涂抹 1：3：15 波尔多液或氯化锌治疗。

9.8 油茶有害寄生植物

油茶有害寄生植物主要有桑寄生、菟丝子、无根藤、槲寄生。

9.8.1 危害状况

油茶有害寄生植物主要分布在热带和亚热带。主要是油茶林地经营管理粗放，导致生长多种侵害油茶生长发育的寄生植物。油茶被寄生植物危害后，致使生长势差、发芽晚、落叶早、少结果或不结果，严重时使油茶植株干枯衰亡。

9.8.2 有害寄生植物种类及防治方法

9.8.2.1 桑寄生（ *Loranthus parasiticus* ）

植物特征：小灌木，是一种半寄生性的植物。枝条灰色，叶对生或互生，花紫红色，圆筒形；种子繁殖，果实浆果，球形，每果有种子一粒（图 9-9）。危害油茶的桑

图 9-9　桑寄生

寄生有多种，有时一株油茶树上有多种桑寄生发生，严重时整个树冠全被桑寄生的枝叶所代替。油茶受害后生长势极差，最后全株枯死。

防治方法：加强抚育管理，发现寄生危害及时清除；抚育管理要连年坚持，减少被害，才可防止桑寄生的发生。

9.8.2.2　菟丝子（*Cuscuta chinensis*）

植物特征：一年生没有叶的寄生草质藤本。茎软而细小，丝状红褐色。8~9月开花，花外黄白色，蒴果广椭圆形（图9-10）。10~11月成熟。种子扁球形，褐色，常发生在土壤比较湿润、杂草灌木较多的油茶林。种子落地后，萌发出幼苗，盘旋依附在附近的油茶树上，逐渐向上缠绕，最后根部萎缩断离土壤，这时缠绕在寄主体上的茎产生吸根，最后入侵油茶枝干组织中，夺取养分，逐渐分枝扩展，长成的一蓬没有根的藤，将油茶紧紧裹住，使寄主逐渐衰弱，轻则减产，重则整株死亡。

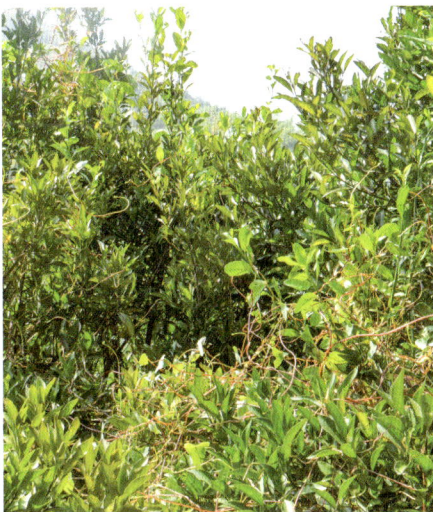

图9-10　菟丝子

防治方法：①发现危害时，立即将菟丝子和被害部分除掉，不能让其开花结果和扩大蔓延。②喷药液：5~10月，用敌草腈或2%~3%五氯代酚钠盐和二硝基酚氨盐；也可选用对油茶无药害的化学除草剂。

9.8.2.3　无根藤（*Cassytha filiformis*）

植物特征：缠绕性草本植物。幼年期靠自体营养，后期才寄生在油茶树上。以种子越冬繁殖，借盘状吸根攀附在寄主上。喜光，寄生在油茶树上，8月开花，花白色，极小，肉质浆果，球形，无根藤吸器在寄主体内能分枝扩展（图9-11）。无根藤的茎将

图9-11　无根藤

寄主树冠紧紧裹住，阻挡寄主叶片接受阳光，严重影响油茶的生长发育，最后全树枯死。

防治方法：①加强抚育管理，砍去杂灌木，清除杂草，适当整枝，以利于油茶生长，促使林地早日萌蔽，减少无根藤发生。②冬季深挖垦复，砍除缠绕在油茶树上的无根藤，将残藤从寄主树冠上除掉。

9.8.2.4　槲寄生（*Viscum coloratum*）

植物特征：常绿半寄生小灌木。黄绿色，呈双叉分枝，枝的顶端着生叶片一对，叶对生，厚革质，倒卵形。果实为橙黄色浆果（图9-12）。侧根产生不定芽，寄生于多种寄主的树皮，形成新植株。

防治方法：①结合抚育，及时清除寄生枝。②寄生植物发生时，用高浓度硫酸亚铁喷洒在寄生植物上杀死寄生植株。

图9-12　槲寄生

（撰稿人：周国英，中南林业科技大学；舒金平、王浩杰，中国林业科学研究院亚热带林业研究所）

第 10 章
虫害及其防控技术

近年来，油茶纯林面积快速扩大、栽培集约化程度不断提高，但人们对病虫害问题关注不够，导致当前油茶虫害问题也日趋严重。不同地区油茶虫害的种类和危害差异较大，其中危害严重的主要是茶黄毒蛾、油茶尺蛾、铜绿丽金龟等。化学防治仍是目前防治油茶虫害最快速、最有效的防治措施，但随着人们消费观念的改变以及对茶油品质要求的提高，滥用化学农药不仅不可能有效地控制油茶虫害，还会污染油茶林，破坏生态平衡，降低茶油质量，影响人们健康。深入研究油茶害虫生物学特性和发生发展规律，做好预测预报，加强检验检疫，大力推广无公害防治技术，采取以林业防治、物理防治和生物防治为主，化学防治为辅的综合防治措施是有效控制油茶虫害的关键。

10.1 茶黄毒蛾

茶黄毒蛾（*Euproctis pseudoconspersa*）幼虫取食油茶叶，并啃食幼芽、嫩枝外皮及果皮（图 10-1）。

10.1.1 生活习性

以卵越冬。在江苏、浙江、安徽、江西、贵州、四川 1 年 2 代，湖南 3 代，福建 3~4 代，台湾 5 代。在福建高山地带发生 2~3 代，以 3 代为主；半高山地带 3~4 代，以 4 代为主。在浙江 4 月中旬活动取食至 6 月下旬、6 月上旬至 7 月化蛹、6 月中旬至 7 月中旬羽化成虫并交尾、产卵，幼虫 7 月上旬孵化取食至 9 月下旬老熟，9 月上旬至 10 月下旬化蛹，10 月中旬至 11 月中旬羽化成虫并产卵越冬。卵块表面密盖绒毛，每块有卵 30~192 粒。成虫喜择生长茂盛的油茶林产卵，亦喜在生长较矮的植株上和树基萌芽上产卵。喜温、湿，怕高温干旱。

10.1.2 防治方法

（1）早春摘除越冬卵块。将枯黄或灰白色膜质被害叶片摘掉，将幼虫杀死。蛹期结合茶林抚育灭蛹，利用培土壅根，培土 7~10cm，打实，使土中蛹不能羽化，或烧毁地面枯枝落叶层中的蛹。

（2）对 3 龄前幼虫喷施 0.2% 阿维菌素 2500~3000 倍液。夏季通过青虫菌、杀螟杆菌或两种菌剂混合使用。

（3）利用黑光灯诱杀。

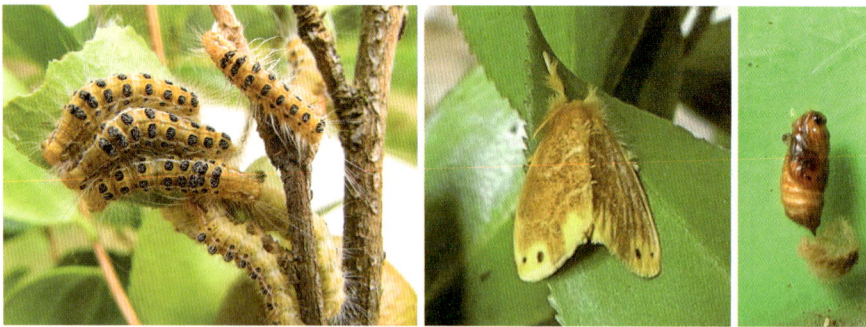

图 10-1　茶黄毒蛾

10.2　油茶尺蛾

油茶尺蛾（*Biston marginata*）幼虫取食油茶叶，严重时油茶叶片被食光，果实不到成熟即脱落，连续 2、3 年严重受害，植株枯死（图 10-2）。

10.2.1 生活习性

1 年发生 1 代，以蛹在油茶树蔸周围的疏松土壤中越冬，翌年 2 月中、下旬开始羽化、交尾、产卵。2 月中下旬至 3 月上中旬为产卵盛期，2 月中、下旬产的卵，卵历期长达 1 个月以上，3 月中旬产的卵，卵历期仅半月。3 月下旬孵化出幼虫，6 月上、中旬幼虫老熟后下树化蛹，幼虫期平均为 60.15 天，最长 71 天，以蛹越夏、越冬，蛹期平均为 261.5 天，最长 271 天。初孵幼虫群聚取食，受惊即吐丝下垂，随风飘荡扩散，2 龄后开始分散取食，静止时尾足紧攀树枝，似小枝状，突然受惊有下坠的习性。

10.2.2 防治方法

（1）清晨进行捕打，或用灯光诱杀成虫，秋季结合垦复进行培土将蛹埋在 2 寸（6~7cm）以下土中。

（2）低龄幼龄幼虫期喷洒阿维菌素或 20% 氰戊菊酯乳油 2000~3000 倍液或 12% 鱼藤酮 300~400 倍液，2~3 龄幼虫喷施白僵菌、苏云金杆菌每毫升 1 亿 ~2 亿孢子的菌液。

图 10-2　油茶尺蛾

10.3 铜绿丽金龟

铜绿丽金龟（*Anomala corpulenta*）成虫大量食叶，咬断花柄，影响林木生长，造成落花（图 10-3）。

10.3.1 生活习性

铜绿丽金龟 1 年发生 1 代，以 3 龄幼虫、少数 2 龄幼虫在土里越冬。翌年 4 月初越冬幼虫上升表土取食危害，5 月上旬化蛹，5 月中旬成虫羽化，6 月中旬至 7 月中旬是成虫危害盛期，北方成虫羽化延迟，始于 6 月上旬，6 月中下旬至 7 月上旬为高峰期，至 8 月下旬终止。卵经 10 天孵化，幼虫在表土中危害苗木根茎，10 月以后钻入深土中越冬。

10.3.2 防治方法

（1）在成虫发生期，安装黑光灯、点灯、火堆诱杀，或于傍晚成群飞到树上取食时，在树下放塑料布，震落捕杀。

（2）用敌敌畏插管烟剂熏杀效果良好，或喷 50% 辛硫磷乳液 800~1000 倍液防治。

图 10-3　铜绿丽金龟

10.4 绿鳞象甲

绿鳞象甲（*Hypomeces squamosus*）幼虫取食树木细根，成虫取食油茶的嫩枝、芽、叶，能将叶食尽，严重危害时啃食树皮（图 10-4）。

10.4.1 生活习性

1年发生1代，以成虫及老熟幼虫在土中越冬，在浙江省翌年3月下旬、4月上旬越冬幼虫化蛹，越冬成虫也出土活动，白天取食林木的芽、叶及嫩枝作为补充营养，夜晚及阴雨天躲于杂草丛中或落叶下。成虫受惊即下落，并立即爬走逃跑。我国南方地区4~10月均有成虫活动，卵产于疏松肥沃的

图 10-4　绿鳞象甲

冲积土中。最早于7月底、8月初幼虫逐渐老熟，9月羽化为成虫。成虫不再出土，在土室越冬。部分发育迟的幼虫，9月作土室，以幼虫在土室内越冬。

10.4.2 防治方法

（1）人工捕捉成虫，集中消灭。

（2）4月中下旬，喷用90%敌百虫或80%敌敌畏乳油或50%马拉硫磷或50%倍硫磷1000倍液或喷施浓度为每毫升0.5亿孢子的白僵菌喷雾。

10.5 茶袋蛾

茶袋蛾（*Clania minuscula*）幼虫在护囊中咬食叶片、嫩梢或剥食枝干、果实皮层，1~2龄幼虫咬食叶肉，留下一层表皮，被害叶片形成半透明枯斑；3龄后咬食成孔洞或缺刻，甚至仅留主脉。该虫喜集中危害（图10-5）。

10.5.1 生活习性

在贵州1年1代，安徽、湖南、河南基本2代，部分1代，广西南宁和台湾多达3代。1年1代地区，以老熟幼虫越冬，第二年不再取食，4月下旬化蛹，5月中旬雌成虫产卵，6月上旬幼虫开始危害，6月下旬至7月上旬为严重危害期，一直取食至10月中、下旬封囊越冬。1年发生2代地区以3~4龄幼虫（也有少数老龄幼虫）越冬，翌年2月气温达到10℃左右开始活动取食，5月上旬开始化蛹，5月中旬开始产卵，6月上旬第一代幼虫危害，7月出现第一次危害高峰，8月上旬开始化蛹，8月中旬可见成虫羽化，8月底9月初第二代幼虫孵出，9月出现第二次高峰，取食至11月出现进入越冬状态。

10.5.2 防治方法

（1）人工摘除袋蛾囊袋。

（2）于7月上旬用机动喷雾剂喷施90%敌百虫晶体水溶液或80%敌敌畏乳油1000~1500倍液或2.5%溴氰菊酯乳油5000~10000倍液或每毫升喷洒1亿~2亿苏云金杆菌、杀螟杆菌。

图10-5　茶袋蛾

10.6 大袋蛾

大袋蛾（*Clania variegate*）幼虫取食油茶及各种树木的叶、嫩枝皮和油茶幼果皮（图10-6）。

10.6.1 生活习性

1年1代，仅在华南和福建部分地区为1年发生2代。绝大部分以老熟幼虫在袋囊中过冬，在1年1代地区的幼虫于9月化蛹并羽化成虫，10月第二代幼虫出现，这些低龄幼虫一般不能过冬，在冬季低温时大多数被冻死。在长江流域越冬幼虫于4月中旬至6月下旬化蛹，成虫羽化期为5月上旬至7月上旬，

羽化盛期为5月下旬，并很快交尾产卵。幼虫孵化期为5月下旬至7月下旬，孵化盛期为6月上旬，直至11月以后老熟幼虫封囊过冬。卵17~21天，幼虫期210~240天，雌蛹期13~26天，雄蛹期24~33天，雄成虫期2~3天，雌成虫期12~19天。越冬幼虫在春季一般不再活动或微活动取食。成虫羽化多在下午和晚上。

10.6.2 防治方法

（1）人工摘除囊袋。利用黑光灯诱杀雄成虫。

（2）喷施 25% 灭幼脲悬浮剂 3000 倍液。

（3）保护和利用寄生蜂及病毒天敌，如南京瘤姬蜂、大袋蛾黑瘤姬蜂、费氏大腿蜂、瘤姬蜂、黄瘤姬蜂和袋蛾核型多角体病毒等。

图 10-6　大袋蛾

10.7　丽绿刺蛾

丽绿刺蛾（*Latoia lepida*）幼虫取食树叶下表皮及叶肉，仅存上表皮，形成圆形透明斑，或将叶片吃成很多孔洞、缺刻。4 龄后幼虫取食全叶，仅残留叶柄和枝条，严重影响树木生长及果实产量，致使树枯木死（图 10-7）。

10.7.1 生活习性

在江苏、浙江 1 年发生 2 代，广东 1 年发生 2~3 代，以老熟幼虫在茧内越冬。浙江在 4 月下旬后化蛹，5 月中旬至 6 月中旬成虫羽化产卵；卵经 1 周孵化，幼虫期 26~32 天，7 月中旬以后老熟幼虫结茧化蛹，蛹期半个月，7 月下旬第一代成虫羽化产卵；7 月底至 8 月初第二代幼虫孵化，8 月下旬至 9 月中旬幼虫陆续老熟，结茧越冬。

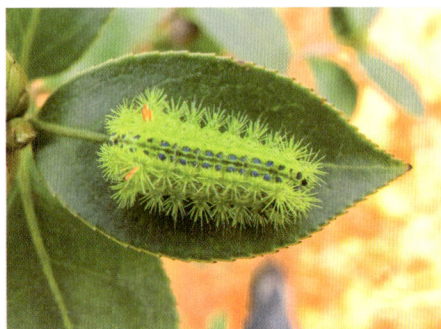

图 10-7　丽绿刺蛾

10.7.2 防治方法

（1）人工摘除越冬茧。

（2）幼虫发生期喷施 20% 除虫脲悬浮剂 7000 倍液、Bt 乳剂 500 倍液。

（3）保护天敌紫姬蜂、广肩小蜂。

10.8 油茶织蛾

油茶织蛾（*Casmara patrona*）以幼虫蛀食油茶枝条，初期枝上芽停止伸长，后蛀枝中空部位以上全部枯死（图10-8）。

10.8.1 生活习性

1年发生1代，以幼虫在被害枝干内越冬。翌年3月上、中旬，日平均气温达10℃左右时，幼虫开始复苏取食，4月中、下旬化蛹，5月下旬、6月上旬羽化成虫产卵，卵期平均为19.5天，最长25天。6月中、下旬为幼虫孵化盛期。幼虫期平均为300天，最长310天。蛹期平均为31天，最长39天。雌蛾寿命长于雄蛾，雌蛾平均为5天，最长10天。

10.8.2 防治方法

（1）每年8月剪除被害枯枝，集中烧毁。对较密的油茶林应及时疏伐与修剪，保证林内通风透光。连续2~3年，在羽化盛期进行黑光灯诱杀。

（2）幼虫孵化期，喷施8%绿色威雷200~300倍液。

图10-8 油茶织蛾

10.9 黑跗眼天牛

黑跗眼天牛（*Bacchisa atritarsis*）幼虫蛀食油茶枝条，被害枝条极易风折，严重影响油茶树的生长及茶籽产量和出油率（图10-9）。

10.9.1 生活习性

江西以北为1年发生1代、江西以南2年1代，以幼虫在枝干内越冬。2年1

代地区，幼虫 3 月底至 5 月下旬化蛹，4 月下旬至 6 月上旬出现成虫，卵期 10 天左右，5 月中旬至 6 月中旬孵化幼虫，各虫态历期 18~20 天，幼虫期长达 22 个月。成虫飞出 2~3 小时即爬在叶背上取食叶脉，有时也取食少量叶肉和嫩枝的皮层。

10.9.2 防治方法

（1）卵期用锤击产卵刻槽，以杀死卵。冬季结合抚育管理剪去虫枝，及时烧毁，减少虫源。

（2）成虫产卵前用 8% 绿色威雷 300 倍液。

图 10-9　黑跗眼天牛

10.10 茶梢尖蛾

茶梢尖蛾（*Parametriotes theae*）以幼虫潜入油茶叶片内取食叶肉，蛀食春梢和叶柄基部，油茶枝梢被害后枯萎，被害梢枯死部分长达 60~80mm（图 10-10）。

10.10.1 生活习性

一般 1 年发生 1 代，闽南、广东 1 年 2 代。以小、中龄幼虫潜在叶片或枝梢内越冬，唯在福建福安、贵州湄潭以幼虫在枝梢内越冬。翌年四川荣县 3 月中旬，浙江、江西 4 月中旬油茶春梢抽发后，转入危害嫩梢，在浙江 8 月中旬至 9 月下旬化蛹，8 月下旬至 10 月中旬成虫羽化，卵期 40 天，幼虫期 10~11 个月，蛹期 55 天，成虫期 50 天。江西南昌 5 月上中旬至 6 月上旬化蛹，5 月底至 7 月发现成虫。而江西宜春、吉安

图 10-10　茶梢尖蛾

迟至 8~9 月化蛹，9 月中下旬羽化成虫。福建南部在 4 月下旬化蛹，5 月上中旬羽化产卵。6 月幼虫危害至 9 月上旬化蛹，9 月中下旬羽化并产卵。

10.10.2 防治方法

（1）在幼虫盛期，剪除被害叶、梢于纱笼或简易阴棚内，待寄生蜂等天敌羽化后，将被害叶烧毁。

（2）于 3~4 月，幼虫转移时，喷洒 80% 敌敌畏乳油或 90% 晶体敌百虫 500~1000 倍液，均可获得较好的效果 / 喷洒含孢子 2×10^8 个 /mL 白僵菌喷雾。

10.11 油茶宽盾蝽

油茶宽盾蝽（*Poecilocoris latus*）成虫、若虫在花蕾、幼果、嫩叶上吸食汁液，更喜欢危害油茶果实，引起落果、降低籽粒含油量（图 10-11）。

10.11.1 生活习性

1 年发生 1 代，以 5 龄若虫越冬。在广东、广西越冬，若虫在翌年 4 月上旬开始活动、取食。成虫于 6 月上旬开始出现，6 月中旬至 7 月初为羽化盛期。6 月下旬开始交尾，7 月中旬至 8 月上旬为交尾盛期。卵 7 月中旬出现，7 月下旬至 9 月上旬为产卵盛期，但 10 月下旬仍可偶见成虫产卵。在广西桂林雁山地区，产卵盛期提前半月结束；若虫在 7 月下旬出现，2 龄若虫在 8 月初出现；3 龄若虫 8 月中旬出现；4 龄若虫在 8 月下旬出现；5 龄若虫于 9 月中旬出现。各龄若虫历期：1 龄 6~8 天；2 龄 8~10 天；3 龄 10~21 天；4 龄 12~15 天；5 龄 23~250 天。末龄若虫在 10 月下旬开始越冬，11 月上旬全部越冬。

图 10-11 油茶宽盾蝽

10.11.2 防治方法

（1）若虫 3、4 龄时，体色明显，有假死性，用塑料袋制作的捕虫网人工捕捉。

（2）若虫时期，喷洒 0.5 亿 ~1.0 亿孢子 /mL 白僵菌液喷雾防治小若虫或喷施 80% 敌敌畏乳油、50% 杀螟松乳油或 2.5% 溴氰菊酯乳油、20% 速灭菊酯乳油5000 倍液喷雾。

10.12 油茶象

10.12.1 危害症状

油茶象（*Curculio chinensis*）成虫钻蛀幼果，产卵于果内，孵化幼虫取食种仁，引起严重落果（图 10–12）。

10.12.2 生活习性

一般 2 年 1 代，少数 1 年 1 代，或 3 年 1 代。2 年 1 代地区的油茶象以老熟幼虫越冬；翌年 3~4 月化蛹，第 2 年以新羽化的成虫在土室内越冬。越冬成虫于第 3年 4~6 月出土活动。6 月上旬至 7 月中旬为出土盛期，成虫危害期约 120 天，寿命300 多天，卵期 13~22 天，3 年 1 代者，滞育幼虫翌年 8~9 月化蛹，第 3 年 4~5 月成虫羽化，6~7 月成虫出土危害。成虫于 5~8 月上树吸食油茶果汁，作为补充营养。雌虫寿命稍长。成虫喜荫蔽潮湿的环境，飞翔力弱，有假死性，震动树枝，随即掉落。对金银花、白背桐等植物有趋性；雄虫对糖醋液有趋性。

10.12.3 防治方法

（1）成虫盛发期，利用成虫假死性，人工捕杀；落果盛期，捡拾落地茶果，集中销毁；油茶采收后，集中堆放于晒场内，放鸡啄杀。基地中发现有危害，将果实采集干净，如大面积发生成片基地需要共防共治。

（2）成虫羽化后，喷施 1 次 8% 绿色威雷 200~300 倍液。

图 10–12　油茶象

10.13　日本卷毛蚧

日本卷毛蚧（*Aetaceronema japonica*）在叶背或小枝上吸取汁液，并分泌蜜露诱发煤污病，受害油茶林整片发黑，造成落花、落果、落叶，重者全株枯死（图 10-13）。

10.13.1　生活习性

在浙江 1 年发生 1 代，以受精雌成虫于枝、干或杂草覆盖的干基越冬。翌年春雌成虫于形成卵囊前转移到叶片背面危害。4 月中旬产卵，5 月上旬为盛期，产卵期 5~15 天，卵期 30~35 天。5 月中旬若虫开始出现，6 月上旬为孵化盛期。10 月上旬雄虫化蛹，预蛹期 4~6 天，蛹期 8~15 天，10 月下旬开

图 10-13　日本卷毛蚧

始羽化，11 月上旬为盛期。雄性个体从孵化固定至化蛹，危害达 5 个月，雌虫危害长达 11 个月左右。初孵若虫善爬行，活动力强，是扩散蔓延的主要虫态，若虫群聚在叶片背面危害，一般不作转移，但原寄居的叶片将脱落时，有迁往正常枝叶危害的习性。

10.13.2　防治方法

（1）在 3 月下旬至 4 月初雌蚧产卵前，在林间散放 2 头黑缘瓢虫。

（2）在 6~8 月若虫危害严重时，可喷洒 50% 马拉硫磷乳剂 1000 倍液或 25% 亚胺硫磷 2000 倍液。

10.14　闽鸠蝙蛾

闽鸠蝙蛾（*Phassus minanus*）幼虫一般危害树干直径在 40~95mm 的寄主植物。幼虫在土面下浅处先蛀入木质部作一隧道，藏身其中。取食时，爬出隧道洞外绕地下部主干周围咬食韧皮部。被害处呈宽 9~12mm 的圈状虫道，如环状剥皮，影响植株的养料输送，导致当年秋冬叶片发黄脱落，渐至枯死（图 10-14）。

10.14.1　生物学特性

2 年发生 1 代，以卵和幼虫越冬。翌年越冬幼虫继续取食危害，至 10 月化蛹，并羽化出成虫。10 月下旬至 11 月上旬成虫产卵越冬。卵散产于地上，每雌虫可产

卵数千粒。成虫有趋光性，扑灯快速而凶猛。闽鸠蝙蛾幼虫在土面下 2~2.5cm 处的寄主主干上蛀一直行隧道。隧道的方向多数向下，少数向上，其长度为 6.5~8.0cm，直径约 7mm，内壁光滑，幼虫平时隐藏其中。在隧道洞口无丝块，而呈黑褐色，无新鲜感，好似内无活虫的旧孔洞。孔洞或幼虫受干扰后，幼虫吐丝与虫粪或寄主组织碎屑结成薄丝块遮盖洞口的习性。幼虫老熟后，在隧道中化蛹。

10.14.2 防治方法

（1）林木检疫。幼虫在树干及根部隐蔽危害，在转移苗木时重点检疫，防止虫苗扩散。

（2）物理防治。依据油茶叶的颜色，挖开主干基部浅层土壤，发现虫孔可用棉花蘸阿维菌素乳剂或专用毒签堵孔；及时清理烧毁危害致死的油茶。

（3）生物防治。在油茶基部土壤中埋施白僵菌粉剂防治。

（4）药剂防治。幼虫期在油茶基部埋施毒死蜱、辛硫磷或噻虫胺颗粒剂，20~40g/ 株；猖獗时 50% 辛硫磷乳油 500 倍液灌根。

（a）闽鸠蝙蛾幼虫　　（b）地下害虫危害致死的油茶

（c）成虫　　（d）幼虫

图 10-14　闽鸠蝙蛾

（撰稿人：周国英，中南林业科技大学；舒金平、王浩杰，中国林业科学研究院亚热带林业研究所）

油茶综合利用技术

油茶种植是油茶产业的第一产业、上游产业；油茶产品加工利用是油茶产业的第二产业、下游产业。利用油茶种子制取食用植物油称为油茶主产品；利用饼粕制取茶皂素等、利用果壳制取活性炭等称为油茶副产物；油茶油脂加工成化妆品等高值化产品称为油茶精深加工产品。油茶饼粕、果壳等副产物综合利用，能够有效地减少资源浪费，提高油茶产品附加值。结合物理、化学和生物学等学科的技术方法，建立了系列油茶加工、副产物有效成分提取和转化技术，获得的系列高值化产品，在农业、工业和建筑等不同领域得到了广泛应用。充分延长油茶产业链条，提升油茶综合价值，是提高油茶产业经济效益的重要方向。

　　优质油茶籽原料的稳定供应是油茶加工产业发展的基础。着眼于规模化、标准化、机械化的产业发展要求，我国油茶鲜果采后处理逐渐向机械化、自动化乃至智能化迈进，油茶籽规模化初加工技术体系逐渐成型。在吸收和借鉴国内外先进理论和相关技术的基础上，油茶籽油的制取工艺稳步走向自主创新。通过高效提取与适度精炼相结合，研发出低温压榨、鲜果鲜榨、超临界 CO_2 萃取等系列油茶籽油专用制取技术和成套设备，推出了系列营养成分合理、风味品质上佳的油茶籽油产品，受到广大消费者的喜爱。通过进一步的精深加工，油茶籽油应用扩展到化妆品、药品、健康产品等多个细分领域。本编将系统介绍果实采收与脱壳技术、油脂加工与综合利用技术、副产物利用技术的技术内容。

（撰稿人：陈永忠，湖南省林业科学院；
方学智，中国林业科学研究院亚热带林业研究所）

第 11 章
果实采收与脱壳技术

　　油茶果实成熟采收后，要及时通过日晒或机械脱去果壳，获得油茶籽以备加工利用，这一过程称为油茶鲜果采后处理。油茶鲜果采后处理是油茶加工的重要生产工序，及时去壳和干燥，可以防止油茶籽霉变腐烂，最终保证油茶籽油品质。传统鲜果加工需进行堆沤、晾晒和人工分拣油茶籽，对场地和人工的需求量较大，同时处理过程中容易受到天气影响，导致生产效率低、成本高、风险不可控。油茶鲜果采后规模化处理难、成本高、油茶籽商流不畅及油茶籽质量风险依然存在，成为限制油茶产业规模化发展的重要短板。近年来，油茶产业始终关注规模化、标准化、机械化发展，油茶鲜果加工机械化、自动化水平不断提升，特别是"十一五"期间开始启动的机械化剥壳、烘干、分选技术取得长足进步，研发出油茶果实剥壳和烘干成套处理技术，有效解决了油茶籽破损率和含杂率高、易霉变等难题，为搭建油茶籽规模化初加工和仓储平台提供了关键技术和装备，有力保障了油茶籽供应链的稳定性，促进了油茶产业高质量可持续发展。

11.1　油茶果实采收技术

　　确保适时采收是保证油茶籽产量和品质的基础。适时采收对保证油茶籽含油率与茶油品质至关重要，必须在其充分成熟的时候采收，才能获得最高的含油率和较优的品质。

　　油茶的物种、品种或无性系很多，物种和品种不同，果实成熟期也不一样。普通油茶不同时期种仁出仁率、含油率及品质见表 11-1。由于生长的立地条件和当年气候的影响，同一物种在不同年份，果实成熟期也有差别。我国大部分油茶物种和品种的果实成熟期都在 9 月中旬至 11 月上旬。普通油茶中的霜降种群一般在 10 月 20 日前后成熟，寒露种群在 10 月上旬成熟。当果实少量正常开裂时（如 5% 果实果皮裂开），种子含油率达到最高峰，至果实自然脱落为完全成熟，即种子已经成熟，为果实采收最佳时期。

果实成熟期常因当年气候的影响提前或推迟 3~5 天，具体应视当年天气和果实成熟情况而定。一般在高温干燥年份会提早成熟，低湿阴雨年份常会推迟成熟；低纬度、低海拔地区较早成熟，高纬度、高海拔地区较迟成熟。

表 11-1　普通油茶不同时期种仁出仁率、含油率及品质

品　种	采收日期	含水率（%）	出仁率（%）	含油率（%）	酸值（mg/g）	过氧化值（g/100g）
普通油茶	10 月 7 日	4.69	56.414	38.17	0.72	0.035
	10 月 14 日	5.49	60.612	48.96	0.51	0.019
	10 月 21 日	5.30	61.886	50.57	0.50	0.013
	10 月 28 日	5.01	66.417	52.79	0.39	0.009
	11 月 11 日（落地籽）	5.66	66.910	50.03	0.72	0.029

同一品种林分以果实出现少量开裂时开始采摘为宜。成熟的油茶果一般呈现以下几个特征：一是果皮上的绒毛自动脱落，果实表面光滑明亮；二是果皮颜色的变化，红色茶油果为鲜红色或红中透黄，黄色油茶果为橙黄色或黄色变褐，青色油茶果由深青色转变为淡黄色或青黄色；三是树上少量茶果皮微裂，易剥开；四是种子乌黑有光泽或呈深棕色；五是剖开种仁为乳黄色。采收时动作要轻，不可用敲打、摇树和折枝等方法采收，以免损伤树枝和花苞，影响翌年的产量。

采收一般应在 7~10 天内完成。

11.2 油茶果实脱壳技术

油茶果现有脱壳方式主要有自然晾晒脱壳、揉搓剥壳和热风爆蒲。

11.2.1 自然晾晒脱壳

将采收的油茶鲜果摊开于地面、大帐或者竹席上，进行自然晾晒，待果蒲开裂后取出油茶籽（图 11-1）。一般晒 3~4 天后，油茶果就自然开裂，多数油茶籽会自动与蒲剥离，少数未自动剥离的要手工剥离。

自然晾晒脱壳适宜分散处理，但是周期长，通常需要一周左右才晒干，时间和人工成本高，对自然环境条件的依赖程度很大，如果遇到阴雨天气不能及时脱蒲干燥，还会造成巨大的经济损失。

图 11-1 自然晾晒脱蒲

11.2.2 揉搓剥壳

揉搓剥壳成套处理技术是以油茶鲜果为加工原料，通过机械揉搓方式，实现油茶鲜果到干籽的产地商品化处理的油茶果剥壳技术（图 11-2）。工艺流程包括揉搓剥壳、壳籽分离、分区变温干燥等环节，集成上料装备、剥壳装备、清选装备、干燥装备、包装装备、控制系统等设施设备。

图 11-2 油茶果揉搓剥壳成套处理生产线现场

　　油茶果经堆沤处理后，采用非等差分级技术，即滚筒分级机将油茶果按果径大小分成 6 个等级，果径分别为小于 22mm、22~24mm、24~26mm、26~29mm、29~34mm 和大于 34mm。

　　分级后油茶果按大小分布，由运输胶带输送至揉搓剥壳机。油茶果被揉搓 5~6 圈时油茶果壳裂开，壳呈瓣状（类似于槟榔壳），如图 11-3，籽壳混合物进入复合壳籽分离机分选。分离好的油茶籽通过分区变温干燥，降低油茶籽水分含量。该技术应用在单层或多层网带式连续干燥设备，通过干燥设备的通风口位置将整条干燥线分为升温区、恒温区和降温区，温度范围控制在 50~70℃，确保油茶籽成品品质的同时节能降耗和提高效率。

图 11-3　油茶果揉搓剥壳技术处理后待分选油茶籽

11.2.3　热风爆蒲技术

　　热爆脱蒲技术是油茶果通过热风处理，将外层的蒲爆开，然后通过筛选将蒲、籽分离，再通过热风干燥，将分离后的籽烘干到榨油或储藏要求的含水率的全过程。

　　油茶爆蒲过程中，油茶层在烘干机内的细孔网带自上至下呈"S"形运转，热风由底层往上对流穿透，通过 PLC 控制系统中预设爆蒲（烘干）曲线，使物料达到由低温到高温的爆蒲过程。热风爆蒲技术能较好地保留油茶籽完整性，最大限度保证茶籽脱蒲后不受任何机械损伤，提高油茶籽原料品质、爆蒲率不低于 98%，烘干速率较高，每批次爆蒲时间为 5~7 小时，能耗低。

　　主要技术装备及技术参数如下：

　　（1）热风爆蒲中网带式油茶烘干机，产品应符合湖南省地方标准《网带连续式油茶籽烘干机》（DB43/T 1600—2019）的性能要求，其中热风温度 50~80℃，能耗量 ≤ 17MJ/kg（H₂O），单位干燥面积生产率 ≥ 2.6kg/（m²·小时），干燥强度 ≥ 1.0kg（H₂O）/（m²·小时）。

（2）油茶鲜果爆蒲（烘干）采用网带连续式烘干处理中心（图 11-4），采用低温（小于 70℃）烘干，爆蒲流程如图 11-5。油茶籽烘干除去水分过程，实际上分为爆蒲和烘干两次去水过程，即爆蒲阶段热风温度采用 50℃→55℃→60℃→65℃，油茶籽水分含量从 50% 降至 30%；烘干阶段水分含量从 30% 降至 10%。全套烘干工艺参数由 PLC 自动控制系统集中控制，可以按照油茶籽的进料水分选择适宜的干燥工艺参数。

图 11-4　热风爆蒲网带连续生产技术展示

采摘 → 堆放（沤）→ 热风爆蒲 → 分离除杂 → 热风烘干 → 剥壳、蒸炒、压榨制油

图 11-5　热风爆蒲流程示意

（3）设备采用混流式烘干工艺，烘干机内布有多层网带，油茶果及油茶籽自上而下呈"S"形经各层网带连续式均匀平移运送，热风通过细孔网带由底层往上对流穿透油茶层，物料按照"S"形曲线流动，交替受到高温和低温气流的作用，相当于顺流逆流交替作用；热风完成热交换后经烘干机顶部排出口再进入新风口换热器，通过热交换将新风加热，这样通过余热回收装置，余热得到利用，提高了热效率（图 11-6）。物料由烘干机底部排出。可灵活采用燃油、燃气、电热、高温热泵或生物质燃料等多种热源方式。

图 11-6 热风爆蒲技术展示（顶部回风管为热回收装置）

（4）针对热风爆蒲处理后的油茶鲜果、籽和蒲的特点，配备与其配套的筛选分离去杂装备，设备初筛为组合筛：由滚筒筛及斜坡分离装置组成。滚筒筛去除杂质以及爆开后的大蒲，斜坡分离装置去除部分小蒲；精筛机的原理是通过利用重力加速度和离心力的差异筛选，去除所有的蒲、金属以及石头等杂质。将爆蒲后的油茶籽、蒲分离开，纯净的油茶籽再进行二次烘干，干燥的油茶蒲可作生物质颗粒原料或其他用处。

11.2.4 其他油茶果剥壳技术

11.2.4.1 挤压剥壳技术

挤压剥壳技术是通过机械挤压的方法剥壳，在油茶果剥壳机挤压筒内侧设有橡胶层，使油茶果在三棱式锥形的挤压轴和橡胶层之间相互挤压，实现油茶鲜果脱壳的目的，油茶果的剥壳率高达98%。

11.2.4.2 辊压剥壳技术

辊压剥壳技术是通过机械辊压的方法剥壳，在卧式油茶果剥壳机筒中，由三条交错的碾压辊与下方的筛网构成主要剥壳机构，碾压辊在绕水平轴心旋转过程中，对位于筛网上油茶果进行辊压，剥开的壳籽混合物通过筛网进入后续分离工序（图11-7）。

11.2.5 油茶鲜果剥壳技术性能比较

目前，油茶鲜果剥壳应用较为普遍的几种工艺

图 11-7 油茶果辊压式剥壳技术

性能对比见表 11-2。油茶果揉搓剥壳成套生产线和热风爆蒲成套生产线推广应用最为广泛，具有破碎率低、自动化程度高、生产成本低等优势，但设备价格相对较高。

表 11-2　不同油茶籽剥壳工艺技术参数比较

关键技术指标	揉搓剥壳成套生产线	热风爆蒲成套生产线	挤压剥壳机	辊压剥壳机
处理果径范围（mm）	20~65	无限制	24~40	24~40
剥壳率(%)	99	98	97	97
破碎率(%)	1	0.1	2~3	2~3
损失率(%)	1	2	3~4	3~4
自动化程度	高	高	一般	一般
设备价格	高	高	中等	中等
生产成本	低	较高	中等	中等
生产率(t/ 小时)	2~3	2	1	1.5

11.3　油茶种子干燥技术

在南方气候条件下，新鲜油茶果或油茶籽因水分含量较高而极易霉变，因此，干燥是油茶籽加工和利用的第一道工序，对油茶籽油的品质和出油率有重要影响。目前，油茶籽常用的干燥方式有自然晾晒、机械干燥。

11.3.1　自然晾晒

新鲜油茶籽的传统干燥方法为自然晾晒，晾晒时油茶籽应晒在洁净的水泥晒场、聚乙烯布、帆布或者蒲席上，厚度不大于 5cm，晾晒期间定期翻搅，注意不要在柏油路面、不洁场地和周围有污染源的地方晾晒，避免油茶籽受到污染。

自然干燥受天气影响最大，且干燥时间太长不利于大规模的油茶籽干燥处理。油茶籽收获时间一般在每年的 11 月左右，此时南方地区可能多阴雨天气，不利于油茶籽的晾晒干燥。

11.3.2　机械干燥

油茶籽采用机械干燥时，应掌握如下关键技术：油茶籽烘干时可采用大粒种子烘干用机械；烘干设备应具有良好的烟气隔离装置，防止烟气接触油茶籽。

采用间接方式加热，不得用炉火直接烘烤方式干燥；根据油茶籽含水量，严格控制热风温度，整个干燥过程中油茶籽最高温度不应超过 70℃；干燥后通过筛选、风选和磁选清除油茶籽中的大杂、小杂、轻杂、灰尘和金属等杂质。

油茶籽烘干技术包括热风干燥、红外干燥、微波干燥、蒸汽干燥等；烘干机型包括厢式、塔式、滚筒等；烘干能源包括空气能、天然气、柴油、生物质燃料等；进样或加热形式包括滚筒、平板、传送带等。

11.3.2.1 烘房干燥

烘房干燥是通过热空气直接加热或采用蒸汽管道间接加热烘房内的油茶籽。除烘干厂房外，烘房内的烘干装置由加热系统、热风循环系统、排湿系统、控制系统、料车或料架等结构组成。

以珠海市某公司的烘房干燥为例：烘房干燥采用程序控温方式，时间19~21小时，分5个阶段。

（1）温度控制设置在55℃，相对湿度设置在10%，烘干模式：烘干，烘干时间1.5~2小时。此步骤仅仅提温加热不除湿，让油茶籽受热均匀，达到平均一致温度。

（2）温度控制设置在60℃，相对湿度设置在10%，烘干模式：烘干＋排湿模式，烘干时间6小时，油茶籽水分含量直线下降。

（3）温度控制设置在62℃，相对湿度设置在10%，烘干模式：烘干＋排湿模式，烘干时间4小时。恒速干燥，采用连续除湿方式，将湿度除至40%。

（4）温度控制设置在65℃，相对湿度设置在10%，烘干模式：烘干＋排湿模式，烘干时间4小时。此步骤烘干相对湿度降至30%，干燥速度不变。

（5）温度控制设置在60℃，相对湿度设置在10%，烘干模式：烘干＋排湿模式，烘干时间4小时。此步骤油茶籽的湿度达10%~12%，烘干完毕。

11.3.2.2 烘干机干燥

工业化的热风干燥设备有平板烘干机、烘干塔、振动流化床等（图11-8）。其中，平板烘干机效率不高，降水幅度不大，只适合小型油料加工企业。烘干塔是一种塔式烘干设备，占地面积小，内部容积大，干燥时间长，可以较大幅度降低水分。振动流化床的干燥速率相比于前两种干燥方式得到了提高，且干燥过程可控，干燥品质也较为良好，但是干燥时间仍需10个小时以上。

热风干燥案例：

（1）温度控制在55℃，时间不超过2小时，只受热不除湿，让油茶籽受热均匀，达到平均一致温度。

（2）升温并除湿，温度控制在60℃，湿度从初始的75%降至55%，时间约6小时，油茶籽水分含量直线下降。

（3）维持60℃恒速干燥，采用连续除湿方式，将湿度除至40%，时间4小时。

（4）湿度降至30%，温度在步骤2的基础上提升3℃，时间4小时，干燥速度不变。

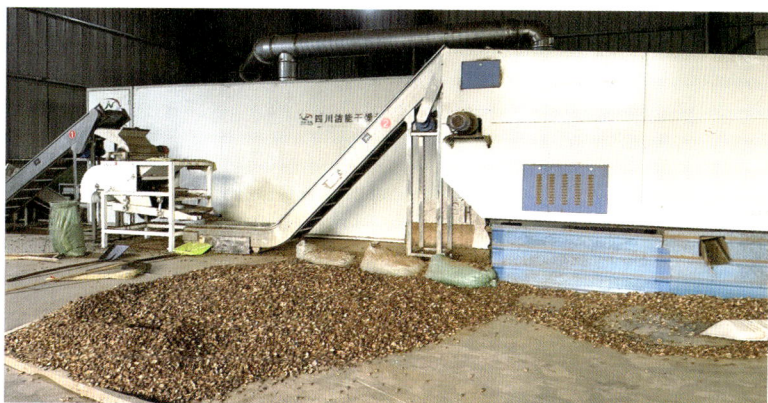

图 11-8 厢式烘干处理

（5）将湿度降至 20%，温度保持不变，时间 4 小时，空气湿度维持在 20%，油茶籽的湿度降至 10%~12%。

烘干 2t 油茶籽，一台 12P*热泵油茶籽烘干机共用时 20 小时，耗电 300 度，平均每斤*湿油茶籽的耗电量是 0.075 度。

11.4　油茶种子低温贮藏技术

油茶籽储藏时，应掌握如下关键技术：①油茶籽入库前应对仓库进行消毒、防虫、防鼠以及维护处理。库房应清洁、防雨、防潮，不应将油茶籽与有毒、有害、有异味的物品混放。②油茶籽贮藏时应装袋，采用符合食品包装要求的麻袋或其他包装材料，其强度应满足装卸和运输要求。③油茶籽堆垛离墙距离应 ≥ 50cm，与地面之间距离 30cm 以上，垛顶距库顶 60cm 以上。堆放形式可采用工字形、井字形、口字形等方式。④不同等级的油茶籽应分开存放，包装物上应标明名称、类别、等级、产地、收获年度。⑤油茶籽仓储应结合油茶籽产地、物种、水分、含油率、数量等制定详细的规章制度和数据信息台账，对领用、登记等环节进行充分明确，定期对仓储油茶籽进行摸底核查，确保数据信息的准确性。

目前，应用于油茶籽的主要技术有自然储藏、低温储藏、低湿储藏、气调储藏、药剂处理储藏、辐照储藏和生物储藏等。

11.4.1　自然储藏

一般采用室内储藏，储藏方式主要包括室内袋装垛存和室内散装存放。室内

---

* 12P 代表马力是日本单位，换算成制热量是 79kW，1 斤 =0.5kg

散装可用箩筐或麻袋盛装，堆放于干燥、通风的室内，每隔6~7天翻动1次，一般可储藏40~50天，室内散装存放容易造成通气散热不良、油茶籽回潮和遭受虫害袭击等。油茶籽堆垛内空气水分不应超过10%，油茶籽温度不应超过25℃。如发现异常，应及时采取倒仓、通风和熏蒸等措施。常温贮藏时间不应超过翌年3月底。

11.4.2 低温储藏

油茶籽入库前应晒1~2天，然后用麻袋盛装或散堆堆放。散堆堆放应控制高度在1m以内，袋堆垛要控制在6包的高度。低温库储藏期间应控制温度在15~20℃以下，注意每隔7~10天开窗通风1次，每隔10~15天翻堆1次，一般可储藏150~170天。油茶籽长期贮藏应在冷库中低温存放，冷藏温度以0~5℃为宜。

11.4.3 其他贮藏技术

其他油茶籽贮藏技术包括低湿贮藏、空气调节贮藏、辐照贮藏、生物贮藏等。低湿贮藏以块状生石灰为吸湿剂，以"二合一小药袋"为缓释熏蒸剂，以五面密封为空气调节手段，进行"低湿密闭储藏"，使油茶籽长期处于低湿、低氧、低药的综合效应下，获得安全度夏的良好效果。空气调节贮藏技术是通过改变油茶籽贮藏环境中气体配比，确保贮藏质量，同时能够防治虫、霉等，如真空（减压）贮藏、充二氧化碳人工降氧贮藏和充氮气人工降氧等贮藏技术。药剂处理贮藏包括喷洒药剂，杀灭易感染的霉菌，防止发霉，延长存放时间。辐照处理贮藏借助电子加速器产生的高能电子束射线对贮藏原料中幼虫、卵和微生物体的强激发和电离辐射作用，杀灭或减少原料中病毒、细菌和害虫，延长储存期。

（撰稿人：钟海雁、周波，中南林业科技大学；
康地，湖南省林业科学院；
何宗敏，湘潭鑫源自控设备制造有限公司；
罗凡，中国林业科学研究院亚热带林业研究所）

第 12 章
油脂加工与综合利用技术

　　油茶籽油是从油茶籽中提取的纯天然高级食用植物油，富含不饱和脂肪酸，其中油酸含量68%~87%，亚油酸含量3.8%~14%，是联合国粮食及农业组织首推的健康型高级食用油。随着人们对油茶籽油健康营养价值认识的深入，油茶籽油的应用领域不断得到创新和拓展。油茶籽油除作为烹饪用油外，还在化妆品、医用制剂、健康产品等多个领域得到广泛应用。

　　油茶籽油制取是油茶产业链的核心环节，也是决定油茶籽油产量和品质的关键步骤，主要包括油料预处理、油脂制取和精炼三个主要环节。油茶籽油的制取工艺目前主要包括热榨制取工艺、低温压榨制取工艺和溶剂浸取工艺。其中，基于双螺旋压榨的低温制取工艺，过程简明，有利于规模化连续生产，且成品油和饼粕质量较高，较大的综合优势使其逐渐成为油茶籽油制取最受欢迎的工艺。同时，油脂科技工作者不断吸取和借鉴国内外先进的油脂加工理论和技术，集成创新，研发出了一系列油茶籽油专用制油新技术，包括水酶法、鲜果鲜榨、超临界 CO_2 萃取和亚临界萃取等，这些工艺的主要优势在于有效保全油茶籽油的营养成分，减轻后续精炼工艺压力，同时加工剩余物营养品质保留更全面，有利于高效高值利用，但由于油茶籽特殊的内含物成分，目前这些工艺多处于实验、中试和展示阶段。

　　本节着重介绍食用、化妆品用及注射用油茶籽油的制备工艺、设备参数和质量标准。

12.1　油茶干籽制油技术

12.1.1　热榨法制取油茶籽油技术

　　热榨法制取油茶籽油，是指油茶籽经过高温蒸或烘、炒的预处理工序，再借助机械外力作用，将油脂从油料中挤压出来的制油方法，是比较传统的压榨工艺。

12.1.1.1 热榨法工艺流程

生产中应用得比较多的是间歇式压榨工艺。工艺流程：通过分选设备或以人工挑选，获得质量达标的油茶籽；将油茶籽烘干、炒干；干燥后的油茶籽进行粉碎、蒸制；再将蒸制好的油茶籽粉用无污染物材料进行包裹和定型，通过液压机将油茶饼中的油脂挤压出来的一种制油方式。

典型的间歇式压榨工艺流程：原料→清理除杂→干燥→粉碎→蒸胚→制饼→压榨→油茶籽油。

（1）清理除杂。油料中常用的清理除杂方式有筛选、磁选、比重、风选和组合式清理等。油茶籽油热榨法制取工艺常用比重机（图12-1）清理除杂，杂质主要为收获、晾晒、运输和贮藏过程混进的石块、泥土、茎、叶和铁器等，还包括其他作物的种子、异种油料籽粒和瘪籽、碎籽等。

（2）干燥。传统油茶籽干燥工艺常采用的是炕式烘干（图12-2），即将选好、晒好的油茶籽放到特制的大灶台上用火进行加热烘烤、去湿或炒干，炒籽的程度通常由操作人员根据经验进行判断。在烘炒过程中，如未控制好灶台火候的大小，易把油茶籽炒焦、炒煳，产生苯并芘。因此，不推荐用这种方式干燥油茶籽。通过技术升级改造，目前油茶籽烘干基本采用的是烘干设备烘干，烘干温度和时间均可自动调节，一般要求烘干温度不超过120℃。

图 12-1　油茶籽比重机分选油茶籽　　　图 12-2　传统炕式烘干油茶籽

（3）剥壳常用的油茶籽剥壳方法有撞击、搓碾和剪切等。判断剥壳好坏的主要指标是剥壳率、仁中含壳率和壳中含仁率。壳中含仁率以不超过0.5%为佳；仁中含壳率以压榨设备获得良好压榨效果为标准。

（4）粉碎。将烘干冷却后的油茶籽，采用粉碎机充分粉碎，油茶籽壳较薄，且经干燥水分较低，易于破碎。粉碎后的油茶籽粉要求粒度均匀（图12-3）。

（5）蒸胚及制饼。粉碎后的油茶籽粉要进行蒸制，目的是软化油茶籽粉，使其更易出油。蒸制完成的油茶籽粉要迅速用扎实的无污染物材料进行包裹和定型，如图 12-4 所示。

图 12-3　榨油预处理的油茶籽粉碎技术

图 12-4　油茶籽粉蒸胚后制饼

（6）压榨。液压榨油机分为立式液压机和卧式液压机两类。目前应用较多的是卧式液压机（图 12-5）。将油茶籽粉制饼后放入液压机液压槽中，挤压出油茶籽饼中的油脂，当饼不再出油时，停止挤压，收集榨干后的油茶籽饼。

（7）过滤。压榨后的油茶籽油，通常用板框过滤机等过滤装置去除油茶籽油中的杂质和水分，达到油茶籽油的标准要求（图 12-6）。

图 12-5　油茶籽液压榨油

图 12-6　压榨后的板框过滤

12.1.1.2　热榨产品质量要求

热榨法制取的油茶籽油产品（图 12-7）应在基本组成、物理参数和质量指标等方面达到国家标准《油茶籽油》（GB/T 11765—2018）压榨油质量要求（表 12-1）。

表 12-1　油茶籽油基本组成和主要物理参数

	项　目	指　标
	相对密度（d_{20}^{20}）	0.912~0.922
	豆蔻酸（C14：0）≤	0.8
	棕榈酸（C16：0）	3.9~14.5
主 要 脂 肪 酸 组 成 （%）	棕榈一烯酸（C16：1）≤	0.2
	硬脂酸（C18：0）	0.3~4.8
	油酸（C18：1）	68.0~87.0
	亚油酸（C18：2）	3.8~14.0
	亚麻酸（C18：3）≤	1.4
	花生酸（C20：0）≤	0.5
	花生一烯酸（C20：1）≤	0.7
	芥酸（C22：1）≤	0.5
	二十四碳一烯酸（C24：1）≤	0.5

图 12-7　热榨成品油茶籽油

12.1.2 低温压榨制取油茶籽油的技术

低温压榨指的是油料不通过传统热榨工艺中的轧坯、蒸炒等高温预处理工序，调质后以较低的温度进入压榨机，借助机械外力作用，在较低的温度条件下将油脂从油料中挤压出来的制油方法。低温压榨是一种纯物理制油工艺，一般使用双螺旋压榨机。

12.1.2.1 低温压榨工艺流程

低温压榨工艺主要包括油茶籽除杂、干燥、脱壳及仁壳分离、压榨和毛油净化处理等工序。油茶籽脱壳处理后，无须高温蒸炒，直接通过螺旋压榨获得毛油，毛油仅需过滤和适度精炼即可获得纯天然低温压榨茶籽油。典型的低温压榨工艺流程：油茶籽→清理除杂→低温干燥→剥壳→调质→低温压榨→过滤→适度精炼→成品油。

（1）清选。宜选用装有双层筛面的吸风振动平筛，上层筛面筛孔直径建议选用Ø20~22mm，大于油茶籽外形尺寸中最大值20mm，从而有效去除残枝和其他较大的粗杂，筛下物为油茶籽。下层筛面筛孔直径选用 Ø4~5mm，略小于油茶籽外形尺寸中的最小值，筛上物为油茶籽，筛下物为细小杂质。轻杂和灰尘可以通过吸风系统去除。此外，筛选后的油茶籽需采用圆筒磁选器或悬挂式磁选装置去除铁磁性杂质。最终油茶籽杂质含量应该低于0.5%。

（2）烘干。油茶籽可在链式平板烘干机中干燥，干燥温度50~60℃为宜，对含水量8%左右的油茶籽进一步干燥至水分含量5%左右。

（3）剥壳。剥壳设备主要有离心撞击式、锤片式和揉搓式等。剥壳后的油茶籽仁要求损伤率不超过 3.0%，壳中含仁率小于 0.5%，仁中含壳率以压榨设备获得良好压榨效果为标准。

（4）压榨制油。当前广泛应用的双螺旋榨油技术，操作规程如下：

在低温压榨过程中，首先应做好开车准备。开车前各润滑部分应加好润滑油脂，确定榨机主轴转向和两喂料绞龙转向正确、水平计量绞龙的变频控制器操控正常，并检查主电机三角皮带松紧。收紧全部榨笼壳上的螺栓以及轴向四根拉杆，不能使其有任何松动。开机前启动油泵电机 3~5 分钟、观察油泵是否出油。首先让榨油机空车运转 2~5 分钟，观察各部分是否有不正常现象。

开机时应点动主轴电机，并依次点动垂直绞龙电机、水平绞龙电机，并观察旋转方向是否正确。将原料缓慢加入，由变频器控制水平绞龙的转速。调节出饼端的缝隙，干饼厚度 3~8mm，让料胚顺利通过榨腔，直至饼呈瓦状成形排出，并将下料门逐步开大。约半小时后，榨笼温度渐高，可逐步缩小出饼端的缝隙至 4~6mm，榨笼出油量逐步增加。通常低温压榨的入榨料温不高于 35℃。最终饼粕残油率应小于 8%。

双螺旋榨油机运行故障主要有滑膛，原因主要是由于油茶籽水分过高，需控制油茶籽水分，适当调整干度，可加些干料，如干油茶籽、油茶饼粕、油茶果壳等。如果水分过低，则可能导致出现烧焦味道，可加些湿料，如湿茶籽、水、蒸汽。

（5）适度精炼。加工后的油茶籽油毛油，比较浑浊，应立即进行过滤，及时清除加工过程中混杂的杂质。过滤方法可采用重力过滤、加压过滤或离心过滤。通常采用密闭或卧螺式过滤机过滤；过滤材料选用优质无污染的帆布、斜纹布等；过滤的最佳温度为 35~40℃。

12.1.2.2 低温压榨产品质量要求

根据国家标准《油茶籽油》（GB/T 11765—2018），低温压榨油茶籽油产品（图 12-8）应在基本物理参数、脂肪酸组成和质量指标等方面达到压榨油要求的质量标准。

其中，油茶籽原油应该具有油茶籽原油固有的气味和滋味，无异味。水分及挥发物含量 ≤ 0.20%，不溶性杂质含量 ≤ 0.20%，酸值（以 KOH 计）≤ 4.0mg/g，过氧化值 ≤ 0.25g/100g，不得检出溶剂残留。

成品油茶籽油按质量等级分为一级和二级。其中，一级压榨油茶籽油应满足质量指标：具有淡黄色至橙黄色色泽；透明度（20℃）为清

图 12-8　低温压榨成品油茶籽油

澈；具有油茶籽油固有的气味和滋味，无异味；水分及挥发物含量≤ 0.10%，不溶性杂质含量≤ 0.05%，酸值（以 KOH 计）≤ 2.0mg/g，过氧化值≤ 0.25g/100g。二级压榨油茶籽油应满足质量指标：具有淡黄色至棕黄色色泽；透明度（20℃）为微浊或者清澈；具有油茶籽油固有的气味和滋味，无异味；水分及挥发物含量≤ 0.20%，不溶性杂质含量≤ 0.05%，酸值（以 KOH 计）≤ 3.0mg/g，过氧化值≤ 0.25g/100g。

12.1.3 溶剂浸提油茶籽油技术

浸出法制油是目前大规模工业化制取植物油的主要方式。溶剂浸出是浸出法制油的主体工序。在浸出工序中，通过特定的浸出装置，以合理的浸出方式，实现溶剂与料胚的充分接触，从而达到充分溶解油脂，提取油脂的目的。

按浸出器的类型不同可把浸出方式分为间歇式和连续式。以浸泡缸浸出的方式为间歇式，目前普遍应用的浸出器为连续式，基本都采取逆流浸出过程。按浸出方式又分为三种：浸泡式、渗滤式、浸泡与喷淋混合式。每种浸出方式的设备又分许多种结构型式。目前，平转式、环型拖链式等结构浸出效率高、工艺先进，已得到普遍应用，但造价较高。

12.1.3.1 溶剂浸提工艺流程

浸出法取油的基本过程是把油茶饼粕浸没于溶剂中，使油脂绝大多数溶解在溶剂内，形成溶剂混合油。然后将所得的混合油，与固定残渣即湿粕分离，对分离所得的混合油，再按照沸点的差异进行蒸发和汽提，使其中的溶剂完全汽化而与油分离，从而制取浸出毛油。被汽化的溶剂蒸气则经过冷凝和冷却，予以回收，然后投入再循环使用。浸泡分离后的湿粕，其内亦含有一定数量的溶剂，经烘干脱溶，除去溶剂后得到浸出干粕，而脱溶挥发出的溶剂蒸气，同样予以回收，再循环使用。

完整的浸出法制油工艺包含油料溶剂浸出、混合油处理（蒸发和汽提）、湿粕的脱溶和烘干、溶剂回收等四个工序。油料的浸出工艺流程如图 12-9 所示。

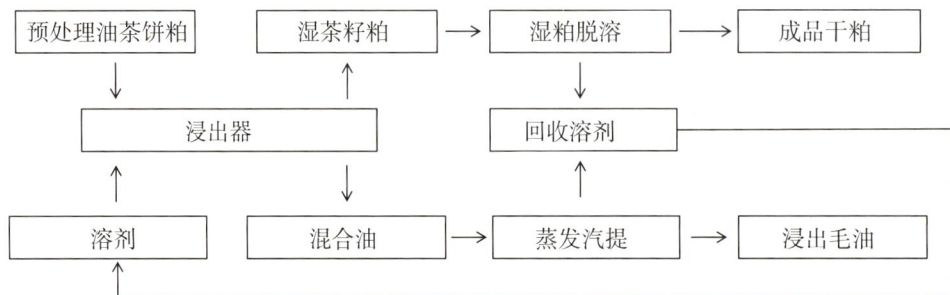

图 12-9　油料的浸出工艺流程

12.1.3.2 溶剂浸提工艺参数及设备

（1）溶剂浸出。油茶饼粕经过粉碎机破碎和过筛，控制粒度在 2~6mm，然后送至蒸炒锅，烘炒至含水量在 8% 以下后，由输送设备送入浸出器，采用 6 号溶剂进行浸提，经固液分离得到混合油和湿粕。

（2）湿粕的脱溶和烘干。工艺流程：刮板输送机→蒸烘机→捕粕器→混合蒸气→干粕（冷却）→仓库。

从浸出器卸出的湿粕含有 25%~35% 的溶剂，为了使这些溶剂得以回收和获得质量较好和有利于综合利用的饼粕，可采用高料层蒸烘机蒸脱湿粕中的残留溶剂。

（3）混合油的蒸发和汽提。工艺流程：过滤→混合油贮罐→第一蒸发器→第二蒸发器→汽提塔→浸出毛油。

①过滤。从浸出器泵出的混合油（油脂与溶剂组成的混合物），首先经过滤除去其中的固体粕末及胶状物质。

②蒸发。利用油脂与溶剂的沸点不同，将混合油加热蒸发，使绝大部分溶剂汽化而与油脂分离，大大提高混合油中油脂浓度的过程。在蒸发设备的选用上，油茶籽油加工厂多选用长管蒸发器（也称为升膜式蒸发器）。

③汽提。通过蒸发，混合油中油的浓度大大提高，沸点也随之升高。无论继续进行常压蒸发或改成减压蒸发，欲使混合油中剩余的溶剂基本除去都是相当困难的。只有采用汽提，才能将混合油内残余的溶剂基本除去。汽提设备有管式汽提塔、层碟式汽提塔、斜板式汽提塔。

（4）溶剂回收。通过湿粕脱溶、烘干和混合油蒸发、汽提工序，回收尾气。设备有冷凝器、分水器、蒸水及尾气回收装置等。

由第一、第二蒸发器出来的溶剂蒸汽因其中不含水，经冷凝器冷却后直接流入循环溶剂罐；由汽提塔、蒸烘机出来的混合蒸汽进入冷凝器，经冷凝后得到的溶剂、水混合液，流入分水器进行分水，分离出的溶剂流入循环溶剂罐，而水进入水封池，再排入下水道。若分水器排出的水中含有溶剂，则进入蒸煮罐，蒸去水中微量溶剂后，混合蒸汽的冷凝液进入分水器，废水进入水封池。

自由气体中溶剂的回收：空气可以随着投料进入浸出器，并进入整个浸出设备系统与溶剂蒸汽混合，在排出前需将其中所含溶剂回收。来自浸出器、分水箱、混合油贮罐、冷凝器、溶剂循环罐的自由气体全部汇集于空气平衡罐，再进入最后冷凝器。某些油脂加工厂把空气平衡罐与最后冷凝器合二为一。自由气体中所含的溶剂被部分冷凝回收后，尚有未凝结的气体，仍含有少量溶剂，应尽量予以回收后再将废气排空。

12.1.3.3 溶剂浸提油茶籽油产品质量要求

浸出油茶籽油质量指标在《油茶籽油》（GB/T 11765—2018）中有要求，见表12-2。用浸出生产线生产的产品，需要明确进行工艺标识。

表 12-2　浸出油茶籽油质量指标

项　目	质量指标		
	一级	二级	三级
色泽	淡黄色至黄色	淡黄色至橙黄色	淡黄色至棕红色
气味、滋味	无异味，口感好	无异味，口感良好	具有油茶籽油固有的气味和滋味，无异味
透明度（20℃）	澄清、透明	澄清	允许微浊
水分及挥发物含量（%）≤	0.10	0.15	0.20
不溶性杂质含量（%）≤	0.05	0.05	0.05
酸值（KOH）（mg/g）≤	0.50	2.0	3.0
过氧化值（g/100g）≤	0.25		
加热实验（280℃）	—	无析出物，允许油色变浅或不变化	微量析出物，允许油色变浅，不变化或变深
含皂量（%）≤	—	0.02	0.03
烟点（℃）≥	190	—	—

注："—"表示不做检测。

12.2　油茶籽油制取新技术

12.2.1　超临界CO_2萃取油茶籽油技术

超临界 CO_2 萃取技术是目前国际公认的最佳绿色制造技术之一，超临界流体具有许多独特的动力学和热力学性质，兼具气体和液体的性质，CO_2 相态如图 12-10。将超临界 CO_2 萃取技术用于油茶籽油的制备不仅可以实现低温深度绿色萃取，还能得到高品质的油茶籽油和综合利用附加值很高的萃余物（副产物），易于实现原料的高值化全利用，但产能一般不大。

CO_2 的临界温度低，为 31.06℃，临界压力适中，为 7.39MPa。特别是，CO_2 的临界密度为 0.448g/cm³，是常用超临界溶媒中最高的（合成氟化物除

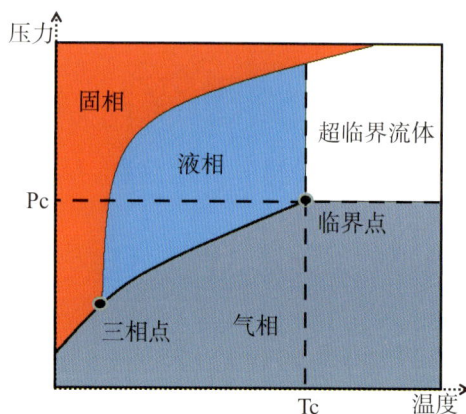

图 12-10　CO_2 相态示意

外）。此外，CO_2 为无色、无味、无毒、无害、不燃烧、不爆炸的化学惰性气体，对人体安全，对环境友好。因此，超临界 CO_2 萃取技术特别适合食用油脂的萃取。

（1）超临界 CO_2 萃取工艺流程。超临界 CO_2 萃取工艺流程（图12-11）：①首先将前处理好的原料放入萃取器中；②从循环储罐流出的液体 CO_2 经过高压泵升压、加热，在设定的超临界状态下被送入萃取器中并溶解原料中的可溶性有机物，然后经降压、升温后进入分离器中；③ CO_2 在分离器中密度变小，与有机物自动分离并变成气体 CO_2；④分离后的气体 CO_2 经冷凝器降温变成液体 CO_2 后进入循环储罐，从而实现循环使用；⑤萃取得到的产物从分离器底部放出。

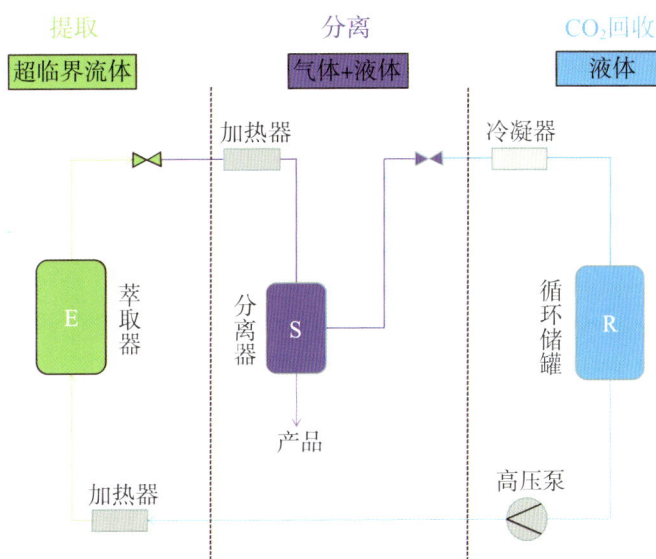

图 12-11　超临界 CO_2 萃取工艺流程

（2）超临界 CO_2 萃取工艺参数及设备。超临界 CO_2 萃取最佳工艺参数多采取三级分离的方式，常用的工艺参数：萃取压力 32~42MPa，萃取温度 40~45℃；一级分离压力 12~15MPa，一级分离温度 45~55℃；二级分离压力 9~10MPa，二级分离温度 40~45℃；三级分离压力 5~6MPa，三级分离温度 30~40℃；CO_2 流量 10~15kg/（小时·kg）原料，原料细度 20~60 目。

超临界 CO_2 萃取成套设备（图12-12）一般包括以下10个系统：装卸料系统、CO_2 供应系统、

图 12-12　超临界 CO_2 萃取成套设备

升压系统、萃取系统、分离系统、冷却系统、加热系统、产品收集系统、CO_2 回收系统和控制系统。此外，为脱除萃取产品中的微量水分和少量游离脂肪酸，还需要采用分子蒸馏技术对超临界 CO_2 萃取的油茶籽油进行精制处理。一般采用二级或三级分子蒸馏处理即可。

（3）超临界 CO_2 萃取产品质量要求。超临界 CO_2 萃取的油茶籽油（图 12-13）主要质量指标和限量指标见表 12-3，均体现了产品在功效活性成分和安全性方面的特征和优点。需要指出的是，采用油茶籽仁为原料提取的油茶籽油的质量控制更加容易，除对原料质量控制好外，一般将不溶性杂质、水分及挥发物含量和酸值等几个方面控制好即可。

图 12-13 超临界 CO_2 萃取的油茶籽油

表 12-3 超临界 CO_2 萃取油茶籽油参考标准

项 目	质量指标		检验方法
	Q/HGSW 0006S-2022	T/GDMA 15-2019	
色泽（罗维朋比色槽 133.4mm）	黄 35.0，红 3.0	黄色或棕黄色	GB/T 22460—2008
气味、滋味	具有油茶籽油固有的气味和滋味，无异味	清香无异味	GB/T 5525—2008
透明度（20℃）	澄清、透明	澄清、透明	GB/T 5525—2008
加热试验（280℃）	无析出物，允许颜色变浅或不变化	—	GB/T 5531—2018
水分及挥发物含量（%）	≤ 0.1	≤ 0.05	GB 5009.236—2016
不溶性杂质含量（%）	≤ 0.05	≤ 0.05	GB/T 15688—2008
酸值（以 KOH 计）（mg/g）	≤ 2.0	≤ 0.8	GB 5009.229—2016
过氧化值（g/100g）	≤ 0.25	≤ 0.12	GB 5009.227—2016
维生素 E（mg/kg）	≥ 100	≥ 70	GB 5009.82—2016
β-胡萝卜素（μg/kg）	≥ 100	—	GB 5009.83—2016
角鲨烯（mg/kg）	≥ 100	≥ 50	LS/T 6120—2017
叶黄素（μg/kg）	≥ 1200	—	GB 5009.248—2016
植物甾醇（mg/kg）	—	≥ 800	GB/T 25223—2010
反式脂肪酸（%）	≤ 0.5	—	GB 5009.257—2016
铅（以 Pb 计）（mg/kg）	≤ 0.04	≤ 0.1	GB 5009.12—2017
总砷（以 As 计）（mg/kg）	≤ 0.04	≤ 0.1	GB 5009.11—2014
黄曲霉毒素 B1（μg/kg）	≤ 0.3	≤ 5.0	GB 5009.22—2016
苯并（a）芘（μg/kg）	≤ 2.0	≤ 5.0	GB 5009.27—2016
溶剂残留量（mg/kg）	不得检出	不得检出	GB 5009.262—2016

12.2.2　亚临界流体萃取油茶籽油技术

亚临界技术又称近临界流体萃取，是一种新型萃取与分离技术，可广泛应用于各种油脂的制备，低温、无毒、无害，工艺过程环节对热源需求总量较少，能够最大限度保留提取物的活性成分不破坏、不氧化。

12.2.2.1　亚临界流体萃取艺流程

亚临界流体萃取的具体工艺流程一般分为四部分（图12-14）：一是原料的预处理部分；二是亚临界萃取部分；三是亚临界流体的蒸发和回收利用；四是辅助的供水供汽部分。以油茶饼粕为例，冷榨油茶饼粕经粉碎预处理后，直接从进料口装入萃取罐，经多次逆流萃取，最终得到浓度最高的萃取液，并输出到萃取液的蒸发工序。经过多次萃取后的油茶饼粉，目标油脂成分已基本上被萃取出来，剩下的萃余物里尚吸附有大量的溶剂，还需要进行脱溶处理后，才能排出萃取罐。萃取液中亚临界流体的蒸发工艺部分是将逆流萃取得到的浓度最高的萃取液（混合油），通过减压蒸发，将溶剂气化与萃取物分离，最终得到残溶很低的粗萃取物（毛油）。蒸发出的溶剂气体经压缩液化循环使用。不同系统来的溶剂气体进入各自的压缩机，经压缩后，进入冷凝器，即液化为液态溶剂，流回溶剂周转罐。尾气在系统中积蓄到一定量时必须排出，而排出尾气时会带出大量的溶剂气体，尾气处理就是将尾气进一步压缩并深冷，使尾气中的溶剂尽量地液化分离出来，这样排出的尾气更安全，溶剂的消耗更低。

此外，在进行亚临界萃取操作时，特别要注意操作的安全性。亚临界设备必须进行全部检查，具备装料条件后才可以按操作方法进行正常操作。

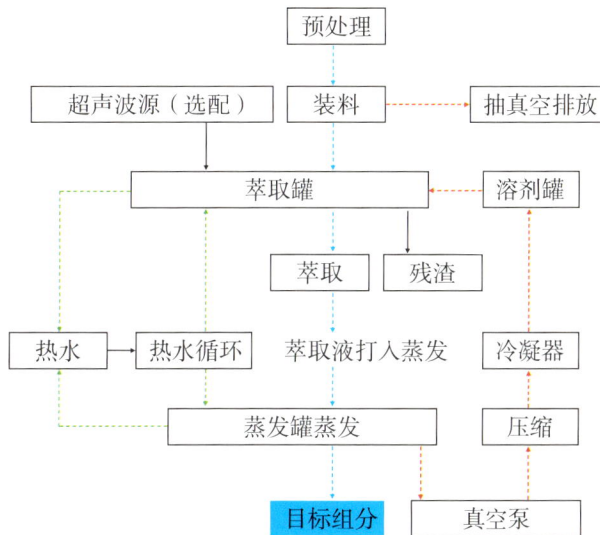

图 12-14　亚临界流体萃取工艺流程

12.2.2.2 亚临界流体萃取工艺参数及配套设备

亚临界低温萃取工业化装置主要组成有物料前处理系统、进排料系统、萃取系统、分离系统、溶剂存储及回收系统、尾气处理系统、能量补充系统、电气控制系统及萃取物萃余物的精制系统等。

前处理的主要作用是清杂（含脱皮）、调节水分、破壁、获得适合萃取的外形，与之配套的主要设备有清理筛、去石机、调质机、压坯机、榨油机等。进排料系统就是将经过前处理的物料加入到萃取罐中，萃取结束将物料排出萃取系统，与之配套的主要设备有存料箱、输送机、绞龙、压力输送、打包机等。萃取系统就是根据物料的特性、含油量的高低、萃余物中残留对经济效益的影响等选择不同的工艺参数，将物料中的脂溶性成分提取出来，实现萃取物和萃余物的分离及萃余物溶剂的回收，对应的设备主要有萃取罐、烃泵、真空泵、压缩机等。分离系统的主要作用是将含有萃取物的混合油中的溶剂和萃取物分离，与之配套的主要设备有压缩机、真空泵、蒸发器等。溶剂回收及储存系统的作用是将萃取物和萃余物中的气化的溶剂冷凝回收储存，降低溶剂消耗，与之配套的主要设备有冷凝器、凉水塔、溶剂罐等。尾气处理系统主要作用是处理在装备运行过程中物料等带到系统中的不凝性气体，保持系统工作压力不升高，配套设备有压缩机、冷凝器等。能量补充系统主要作用是在分离系统及粕脱溶过程中给物料间接加热，加速溶剂气化，配套设备有蒸汽分汽包及热水罐、热水泵等。电气控制系统根据亚临界萃取设备的特点和要求，用人机界面和可编程控制器，通过防爆传感器和防爆电气，控制设备的启停，智能分析关键参数，发出异常预警，显示工艺状态等。精制系统主要根据不同的物料，采用不同的工艺，实现目标产物符合相应的标准，与之配套的设备主要有精炼设备、分子蒸馏系统、脱溶设备、过滤设备等。

12.2.2.3 亚临界流体萃取产品质量要求

亚临界萃取的油茶籽油基本符合或接近一级压榨成品油茶籽油国家标准的质量指标（表 12-4），可以精简现有的精炼工序，并且油茶籽油中多酚、黄酮、植物甾醇等营养成分含量丰富，脂肪酸组成与压榨、浸出法制备的油茶籽油没有明显差别。

表 12-4　亚临界萃取的毛油茶籽油质量指标

项　目	GB 11765—2003（一级压榨成品油茶籽油）	亚临界萃取毛油茶籽油
色泽（罗维朋比色槽 25.4mm）≤	黄 35，红 2.0	黄 30，红 0.4
气味、滋味	具有油茶籽油固有的气味和滋味，无异味	具有浓郁的油茶籽油的气味和滋味，无异味
透明度	清澈	澄清、透明

项　目	GB 11765—2003 （一级压榨成品油茶籽油）	亚临界萃取毛油茶籽油
水分及挥发物（%）≤	0.1	0.181
不溶性杂质（%）≤	0.05	0.042
酸值（KOH）（mg/g）≤	2.0	1.92
过氧化值（g/100g）≤	0.25	0.01

12.2.3　油茶鲜果制油技术

鲜果鲜榨工艺选择新鲜的油茶果，直接脱皮后破碎制浆，然后再将浆液分离提油，由于避免了茶果干燥环节带来的污染，所得油茶籽油原汁原味地保留了油茶果原有的生物活性物质，具有特定营养价值。

果香型鲜果制油是将新鲜采摘回来的油茶果脱除表层果蒲，得到新鲜的油茶籽，榨汁后，汁液进行破乳处理，离心分离得到带有果香风味油茶籽油的工艺方法。

12.2.3.1　鲜果鲜榨制取工艺流程

鲜果鲜榨制油工艺属于连续式的，具体工艺流程：鲜茶果→清理（去杂）→分级→机械脱蒲→鲜油茶籽→清洗→破碎→颗粒油茶籽→压榨制浆→浆液→破乳→分离→毛油→脱水→过滤→果香型鲜果油茶籽油，如图12-15所示。

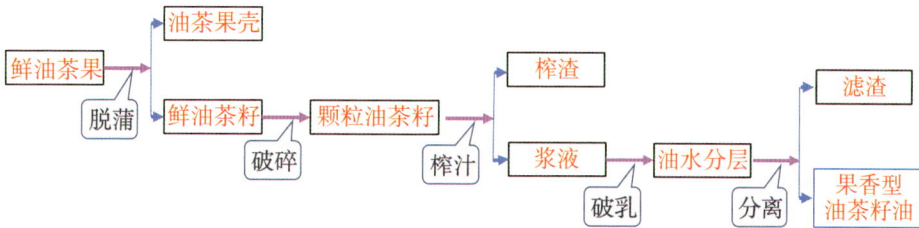

图 12-15　鲜果鲜榨制油工艺流程

12.2.3.2　鲜果鲜榨制取工艺参数及设备

（1）清理（去杂）。油茶果在采摘过程中或多或少混入油茶枝叶，根据油茶果和油茶枝叶的尺寸不同，在油茶果下料口处设置钢网，再用清水洗去灰尘。

（2）机械脱蒲。油茶果外皮（也称油茶蒲）质软，油茶籽壳（包裹油茶籽仁的壳）质密，且紧贴在新鲜的油茶籽仁上。根据这一特点，可采用钢毛刷进行高速刮刷脱除外层油茶蒲，并研发了油茶果脱蒲机（图12-16），设置油茶果脱蒲机转速400~500r/分钟进行油茶果脱蒲（图12-17）。

图 12-16　油茶果脱蒲生产线

图 12-17　脱蒲后的新鲜油茶籽

（3）清洗。脱蒲后的新鲜油茶籽表面粘着油茶蒲粉末，而油茶蒲粉末在水的作用下极易脱离新鲜油茶籽。根据这一特点，对脱蒲后的新鲜油茶籽进行水洗，得到洁净的新鲜油茶籽（图 12-18）。

（4）破碎。油茶籽破碎机破碎腔体内间隔 10~20mm 排列"一"字刀片，腔体下方铺有弧形筛网，孔径 5mm。当新鲜油茶籽进入腔体时，高速旋转的"一"字刀片切碎新鲜油茶籽，并挤推新鲜油茶籽粉末过弧形筛网实现新鲜油茶籽破碎（图 12-19）。

图 12-18　清洗后的新鲜油茶籽

图 12-19　油茶籽破碎

（5）压榨制浆。新鲜的油茶籽水分含量高，细胞饱满，处于代谢旺盛状态，此时也是新鲜油茶籽细胞最脆弱的时候，极易受外界压力破裂而释放油脂。由于破碎后的新鲜油茶籽粉末颗粒小，在油茶鲜籽压榨制浆机（图 12-20）压榨压力和新鲜油茶籽自身水分的斥力作用下，油茶籽粉末细胞中的油脂快速逃逸出来，并与同时逃逸出来的水、油茶皂苷、粗蛋白和粗多糖等物质融合形成高度乳化的油茶籽乳浆，其中还包括维生素 E、角鲨烯、植物甾醇和多酚等天然活性营养物质。

（6）破乳。油茶籽乳浆为油茶籽油、水、油茶皂苷、粗蛋白和粗多糖等物质高度融合形成稳定的"水包油"型乳化体系，简单操作很难打破这种乳化体系，需要采用特殊的破乳技术才能提取油茶油，如图 12-21。

图 12-20　油茶鲜籽压榨制浆机

图 12-21　油茶籽乳浆破乳罐

（7）分离。油茶籽乳浆破乳后由于各组分密度和水溶解性不同，在离心作用下呈现"三相"，即上层油相、中层水相和下层固相。为保障离心机正常运转而不发生堵塞，采用两次离心，第一次离心实现固液分离，第二次离心实现油水分离。

（8）脱水。油茶籽乳浆破乳离心得到的油相（也称"毛油"）中水分及挥发物含量占比为 2%，负压加温可使毛油茶籽油中的水分及挥发物快速蒸发，同时保护油茶籽油不被氧化，保障果香型鲜果毛油茶籽油中维生素 E、角鲨烯和多酚等天然活性营养成分不被高温破坏，同时保证果香型鲜果毛油茶籽油水分及挥发物快速蒸发。

（9）过滤。脱水后的果香型毛油茶籽油由于水分蒸发，先前溶解在水分当中的一些水溶性物质以沉淀的形式析出，可通过过滤的方式滤除。

（10）果香型鲜果鲜榨油茶籽油储存。果香型鲜果油茶籽油中含有丰富的维生素 E、角鲨烯、植物甾醇和多酚等天然活性营养成分，为避免这些天然活性营养成分快速衰减以及果香型鲜果油茶籽油的氧化，须将鲜果油茶籽油储存于室内储油罐中，并对储油罐充氮保护。

12.2.3.3　鲜果鲜榨制取产品质量要求

对鲜果鲜榨油茶籽油（图 12-22）中维生素 E、角鲨烯、植物甾醇、多酚、黄酮、原花青素、总皂苷、总三萜、木脂素、类胡萝卜素和辅酶 Q10 进行送样检测，结果见表 12-5 至表 12-7。

图 12-22　鲜果鲜榨油茶籽油

表 12-5　鲜果鲜榨油茶籽油理化指标

项　目	指　标
水分及挥发物（%）	0.08
色泽	墨绿色
不溶性杂质（%）	0.03
气味、滋味	具有果香型鲜果油茶籽油固有气味
透明度	澄清透明
酸值（mg KOH/g）	0.50
过氧化值（mmol/kg）	0.05

表 12-6　鲜果鲜榨油茶籽油脂肪酸组成及含量

脂肪酸组成	含　量
棕榈酸（%）	8.22
棕榈油酸（%）	0.10
硬脂酸（%）	2.08
油酸（%）	80.11
亚油酸（%）	8.01
亚麻酸（%）	0.30
花生酸（%）	0.23
花生一烯酸（%）	0.58

表 12-7　鲜果鲜榨油茶籽油中营养成分含量

项　目	含　量
维生素 E（mg/kg）	325
角鲨烯（mg/kg）	847
植物甾醇（mg/kg）	2800
多酚（mg/kg）	271
黄酮（mg/kg）	472
总皂苷（%）	0.28
总三萜（%）	1.18
木脂素（mg/kg）	85
原花青素（mg/kg）	1400
类胡萝卜素（mg/kg）	12.8
辅酶 Q10（mg/kg）	67

12.3　油茶籽油特殊用途加工技术及产品

油茶籽油脂肪酸组成合理，微量活性成分含量丰富。随着人们对油茶籽油营养价值认识的更加深入，油茶籽油的应用领域将不断得到创新和拓展。油茶籽油除作为烹饪用油外，还在化妆品、医用制剂、健康产品等多个领域得到广泛应用。这些应用对油茶籽油的品质提出了更高的要求，往往需要在特殊条件下（如无菌）进行精深加工，获得具有特定品质（如无色、低油腻感）的油茶籽油，以满足相关产品标准要求。本节着重介绍化妆品用、注射用油茶籽油的制备工艺、设备参数和质量标准。

12.3.1　油茶籽油化妆品制备技术

油茶籽油以油酸、亚油酸为主，含不饱和脂肪酸 80% 以上，并富含角鲨烯、植物甾醇、维生素 E、多酚、茶皂素等活性成分，具有很好的抗氧化、保湿、防晒、抗过敏、抑菌、抗炎等作用。油茶籽油由于其安全性高、稳定、与皮肤亲和性好等特性，直接作为护肤品涂抹皮肤可达到保湿、抗炎、抗氧化等效果，用作护发成分能够有效地解决头发干枯、分叉等问题，加工后的油茶籽油可作为高档化妆品、日化产品的主要原料。

12.3.1.1　工艺原理

化妆品用油茶籽油工艺原理与食用油茶籽油的基本一致，一般需经过脱胶、脱酸、脱色、脱臭、分提等工序，在色泽气味、酸值、杂质等方面的要求较食用等级高，通过精炼后达到化妆品所要求的无异味、近无色、低温下不易凝固等高质量油脂标准。

12.3.1.2　工艺流程

油茶籽经预处理后，通过压榨法、浸提法、水酶法或超临界 CO_2 萃取等不同工艺得到油茶籽毛油，将毛油进行精炼后直接用作化妆品或作为化妆品原料（图 12-23）。

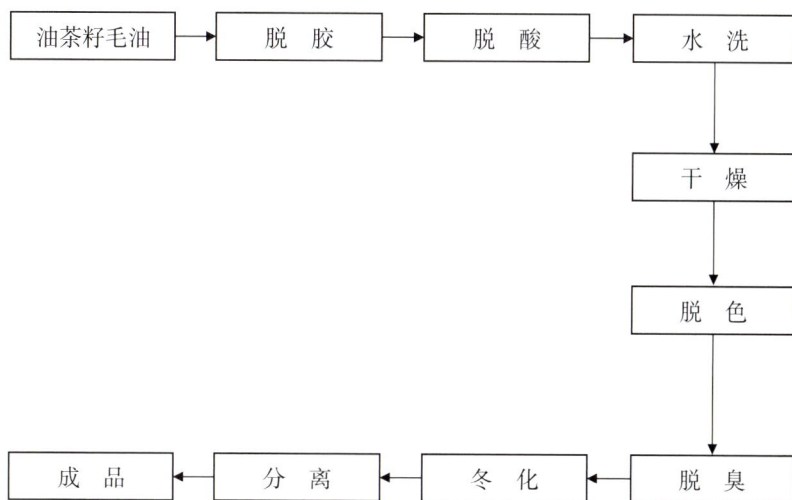

图 12-23　化妆品用油茶籽油精炼工艺流程

12.3.1.3 工艺参数

（1）脱胶工序。采用热水或柠檬酸溶液进行油茶籽油脱胶，即按油量的一定比例加入一定量的热水或一定浓度的柠檬酸溶液，油温加热至80~90℃、搅拌1~1.5小时，搅拌速度30~60r/分钟，静置0.5~1小时，然后分离水相，即可完成脱胶。

（2）脱酸工序。按油的量及其酸值的一定比例加碱液，在搅拌的同时将碱溶液缓慢加入油中，加完碱液加热升温，温度控制在60~65℃。待反应完全后静置1小时，分离除去皂脚。

（3）水洗工序。将油温升至90℃温度，在连续搅拌下缓慢加入热水，水温与油温基本相同，加水量按油量的5%~10%加入，加完水后停止搅拌、静置，排去水层，再按此步骤水洗3~5次，直至把皂脚完全洗去。

（4）脱水工序。把经水洗工序的油脂置于真空下加热，温度为80~100℃，真空度为-0.098~-0.085MPa，脱水直至视镜无水汽。

（5）脱色工序。经脱水后的油脂保持温度为60~65℃，在连续搅拌条件下加入吸附剂，吸附剂为活性白土、活性炭及其组合物，加入比例根据油脂原颜色确定，升温至110℃，保温0.5~1小时后过滤。

（6）脱臭工序。在高真空、高温条件下，通入蒸汽，以达到把油脂中许多带有异味的挥发物带走的目的。脱臭温度230~240℃，真空度为-0.1MPa，脱臭时间10~30分钟。

（7）冬化、分离工序。脱臭好的油茶籽油冷冻降温至0~5℃，时间为5~10小时；离心分离或加入支撑剂过滤。

12.3.1.4 产品质量要求

油茶籽油在化妆品多用于制作护肤油、护肤乳/霜、爽肤水、头发护理产品、唇膏、底妆、卸妆、美甲等产品的主要原料（图12-24）。目前，我国尚未修订油茶籽油作为化妆品的国家标准，油茶籽油化妆品作为直接产品或者化妆品原料在生产加工过程的卫生要求符合《化妆品卫生标准》（GB 7916—1987）、《食品安全国家标准食用植物油及其制品生产卫生规范》（GB 8955—2016）、国家食品药品监督管理总局《化妆品安全技术规范》等要求。另外，团体标准《化妆品用原料山茶籽油》（T/SHRH 037—2021）提出了山茶籽油质量指标，见表12-8所示。

图12-24　化妆品用原料油茶籽油

表 12-8　化妆品用原料油茶籽油质量指标、微生物和安全指标

指标名称		指标要求
	外观	无色至淡黄色油状液体
感官指标	透明度（20℃）	澄清透明
	气味	具有山茶籽油固有的气味，无异味
冷冻实验	（0℃，储藏 5.5 小时）	澄清透明
理化指标	水分及挥发物（%）	≤ 0.10
	不溶性杂质（%）	≤ 0.05
	酸值（以 KOH 计）（mg/g）过氧化值	≤ 0.50
	（g/100g）	≤ 0.15
	甾醇总量（mg/kg）	≥ 500.0
	维生素 E（mg/kg）	≥ 50.0
	角鲨烯（mg/kg）	≥ 30.0
微生物指标	菌落总数（CFU/g 或 CFU/mL）	≤ 100
	霉菌和酵母菌总数（CFU/g 或 CFU/mL）	≤ 10
	金黄色葡萄球菌（g 或 mL）	不得检出
	耐热大肠杆菌（g 或 mL）	不得检出
	铜绿假单胞菌（g 或 mL）	不得检出
安全指标	砷（mg/kg）	≤ 2
	铅	≤ 10
	汞	≤ 1
	镉	≤ 5
	溶剂残留量	不得检出
	苯并芘	不得检出
	黄曲霉毒素 B1	不得检出
	农药残留	不得检出

12.3.2　注射用油茶籽油制备技术

目前，注射用油茶籽油主要用作脂溶性药物的溶媒。注射用油茶籽油的制备主要经脱胶、脱酸、脱色、脱臭和冬化等五个工段（图 12-25）。其中，脱胶、脱酸、脱色、脱臭工艺与食用油茶籽油的基本一致。从冬化工段开始，后面的操作需在洁净车间内进行，由自动化设备完成。冬化是为了除去油茶籽油中的蜡质等物质，以保持油的透明度，延长其货架期。冬化一般在 0℃下进行冷冻结晶处理后，在结晶温度下，经医药用膜过滤后直接充氮、灌装。产品在 0~5℃下保存。

12.3.2.1　工艺流程

注射用油茶籽油生产流程图如图 12-25。

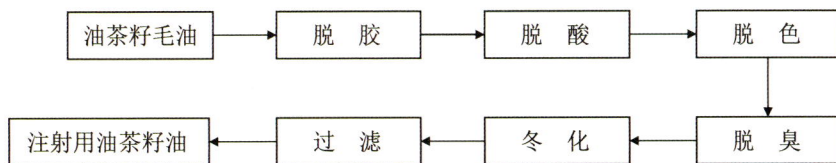

图 12-25　注射用油茶籽油生产流程

12.3.2.2 产品质量要求

注射用油茶籽油目前暂无国家标准，生产企业根据客户要求进行生产，但其质量标准应参照《中国药典》（2020年版）"茶油"和"大豆油（供注射用）"中的有关相关要求，具体见表12–12。

表 12–9 注射用油茶籽油质量要求

指　标	要　求	检验方法
性状	淡黄色的澄清液体，在三氯甲烷、乙醚或二硫化碳中易溶，在乙醇中微溶	—
相对密度（25℃）	0.909~0.915	通则 0601
折光率（25℃）	1.466~1.470	通则 0622
酸值（mg KOH/g）	≤ 0.3	通则 0713
皂化值（mg KOH/g）	185~196	通则 0713
碘值（g I/100g）	80~88	通则 0713
吸光度	在 450nm 波长处的吸光度不得超过 0.045	通则 0401
过氧化值（mmoL/kg）	≤ 3.0	通则 0713
不皂化物（%）	≤ 0.9	通则 0713
重金属（ppm）	≤ 2	通则 0822 第二法
砷（ppm）	≤ 0.4	通则 0822 第一法
微生物	每毫升供试品种细菌数不得超过 100CFU，真菌及酵母菌数不得超过 10CFU，不得检出大肠埃希菌	通则 1105 与通则 1106 与通则 1107
鉴别	取 2mL，小心加入新制放冷的发烟硝酸—硫酸—水（1∶1∶1）10mL 中，放置片刻，两液接界处显蓝绿色	—
桐油检查	取 3mL，加石油醚 3mL，溶解成澄清液，加亚硝酸钠结晶少量与稀硫酸数滴，即有气泡发生，强力振摇后，静置观察，油液层应澄清，油液与酸液接界处亦不得显浑浊	—
棉子油检查	取 5mL，置试管中，加含硫黄的二硫化碳溶液（1→100）与戊醇的等容混合液 5mL，置饱和食盐水浴中，注意缓缓加热至泡沫停止（除去二硫化碳），继续加热使水浴保持沸腾，2 小时内不得显红色	—

（撰稿人：

陈永忠、马力、肖志红、陈隆升、许彦明、刘彩霞、高晶、张爱华，湖南省林业科学院；

邓森文，湖南科技大学；

吴苏喜，长沙理工大学；

骆金杰、黄闰、杨友志，湖南大三湘茶油股份有限公司；

曾健青，湖南和广生物科技有限公司；

安骏，中粮集团中国食品有限公司；

刘毅华，中国林业科学研究院亚热带林业研究所；

黎贵卿、谷瑶、李桂珍、邱米、杨漓，广西壮族自治区林业科学研究院）

第 13 章
副产物利用技术

油茶加工过程会产生果蒲和饼粕等副产物。传统上，这些加工副产物的利用率不高，造成大量资源浪费和环境污染问题。根据油茶副产物的物理化学特性，广大科研工作者开发了一系列技术对副产物的有效成分进行综合利用，做到"吃干榨净"，有效提升油茶加工产业链价值。

油茶果壳主要含有木质素、纤维素和半纤维素等，可以制备成颗粒或者粉状活性炭，其中的聚戊糖可以转化成糠醛等化工原料。油茶果壳经过发酵腐化，复配后可用作有机肥、土壤改良剂、培育花卉苗木和食用菌等。油茶饼粕中主要含有油茶皂素、多糖、蛋白和其他活性物质，经过物理、化学或者生物脱毒工序后，油茶饼粕是一种优质的蛋白饲料来源。另外，油茶皂素是一种天然表面活性剂，提取后可以制成各种衍生品。

13.1 油茶饼粕综合利用技术

13.1.1 油茶皂素及衍生产品制备技术

13.1.1.1 油茶皂素的提取技术

油茶皂素主要从脱脂后的油茶粕中提取，粕中含有约 15% 的五环三萜类皂苷，常称为茶皂素或油茶皂素，一般为白色或淡黄色的微细粉末或褐色液体。它是一种天然非离子型表面活性剂，不仅具有去污、起泡、乳化、分散等特性，还具有消炎、镇痛、抗真菌等作用，广泛应用于化工、建材、养殖、水产、食品、洗化、毛纺、针织、医药、灭火材料等行业。

油茶饼粕中提取皂素的一般工艺流程包括预处理（除杂、改变物理结构和脱脂等）、提取、固液分离、浓缩、干燥等步骤。用于提取油茶皂素的原料，粕中残油率控制在 1.5% 以下。在提取皂素前需进一步筛分，并对筛下物粉末进行造粒，造粒后的油茶粕与筛上物颗粒混匀，再进行烘干，可以显著提高生产中提取溶剂的流动性、防止粘附、降低堆积密度、提高渗透性等。

连续提取法为现阶段常用工艺，包括平转浸出型连续提取、罐组式连续提取、管式连续提取等设备，常用为平转浸出连续提取（图13-1、图13-2）。

图13-1　平转式油茶皂素提取设备　　图13-2　60油茶皂素粉产品

以70%的甲醇溶液作为提取剂的油茶皂素制备工艺流程为例（图13-3）：溶剂与油茶粕的料液比为1：7，浸提时间为2小时，提取温度为55℃，最终的工作间接蒸汽压力不应低于0.4MPa。一般在进料5分钟后便可加入间接蒸汽进行加热浓缩，蒸汽压一般控制在0.2~0.4MPa，料液面一般加到浓缩罐的1/3即可。生产皂素液浓度为25波美度，用于烘粉浓度为20波美度。浓缩时回收的溶剂如澄清便可直接泵入周转库，如有料液翻出，则需泵入回收塔进行回收处理。

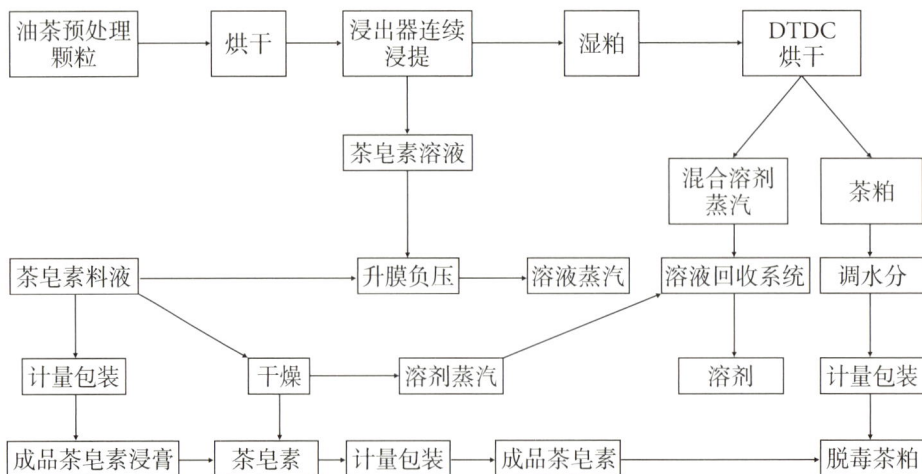

图13-3　油茶皂素制备工艺流程

13.1.1.2　油茶皂素衍生产品及生产工艺

提取制得的油茶皂素产品需符合《油茶皂素质量要求》（GB/T 41549—2022）

的相关要求。提取的油茶皂素除可用于洗涤产品、水产养殖等外，还可作为生物农药、引气剂、发泡剂等。

结构修饰型混凝土引气剂生产流程（图 13-4）：50% 的皂素浓缩液和工业烧碱，在 110℃ 温度下搅拌 45 分钟，得到水解型油茶皂苷浓缩液，冷却备用。加入三苯基氯甲烷、溴化 1- 对甲苯基 -2- 二乙基苄基铵 -1- 丙酮、15% 的甲酸，在 190℃ 下搅拌 2.5 小时，用蒸馏法除去三苯基氯甲烷后得油茶皂苷中间体混合物浓缩液，冷却备用。将蔗糖溶解于水中，加 3kg 原乙酸三甲酯、在 165℃ 温度下搅拌 1.5 小时，接着加 3.5% 的稀盐酸，搅拌反应 2 小时后再加 4% 的烧碱和少量的催化剂，搅拌约 2 小时，最后加溴化 1- 对甲苯基 -2- 二乙基苄基铵 -1- 丙酮，少量的催化剂，继续搅拌 3 小时，得到蔗糖反应中间体浓缩液，冷却后备用。固含量达到 25% 时，即得到油茶皂苷结构修饰的双子型表面活性剂（单体），最后应用制剂学原理和配伍技术，经优化、复合工艺技术制成高效混凝土引气剂。

油茶皂苷型油田泡沫剂生产流程：采用 50% 的油茶皂浓缩液，加入正丁醇，在 80℃ 温度下搅拌 45 分钟，得到水解型油茶皂浓缩液，冷却后备用。在 90℃ 下分别加入 N，N'- 二环己基碳二酰亚胺（DCC）、4- 二甲氨基吡啶（DMAP），搅拌 2.5 小时后加入十六烷醇和催化剂反应 4 小时，冷却，常温过滤，优化制得 V 型结构表面活性剂，在搅拌下加入调节剂，持续 1 小时即为最终产品（图 13-5）。

图 13-4　油茶皂素型混凝土引气剂　　图 13-5　油田泡沫剂产品

13.1.2　油茶籽饼粕洗洁粉制备技术

油茶饼粕洗洁粉制备工艺（图 13-6）：浸提去油后的油茶饼粕经过粉碎（一般粉碎至 120 目），在低温烘干（60℃ ~80℃）至水分含量低于 5% 就可以作为油茶籽饼粕洗洁粉；如果起始料是压榨工艺的油茶饼粕（油含量较高，一般在 8% 以上），则需要对茶饼粕进行提油使其含油量降至 2% 左右，再重复前述步骤，制得油茶籽饼粕洗洁粉。

```
油茶饼粕 ─────────→ 粉碎 ─────────→ 筛分
                      ↑      否      ↓
                      └────────── 小于
                                   30目
                                    │
                          干燥温度60℃ ↓
石油醚∶乙酸乙酯∶无水乙醇
浸提脱油 ←───────────── 油茶饼粕粉末 ←──── 干燥
            浸提温度45℃
   │
   ↓
  抽滤 ─────→ 滤渣干燥 ──水分含量小于5%──→ 油茶饼粕洗洁粉
```

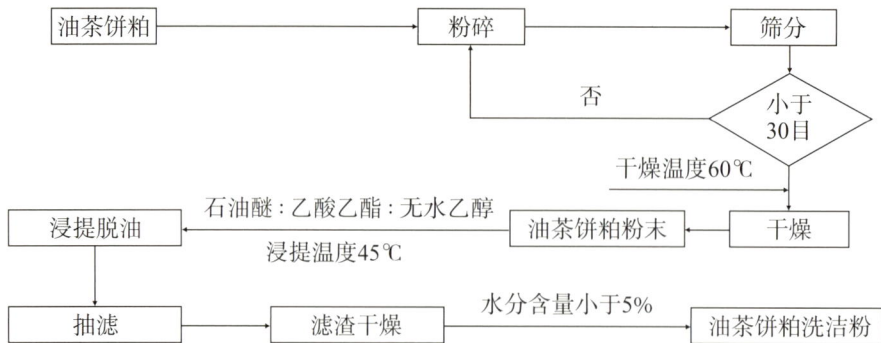

图 13-6　油茶籽饼粕洗洁粉工艺流程

13.2 油茶果壳综合利用技术

13.2.1 油茶壳制备活性炭技术

活性炭（activated carbon）具有发达的孔隙结构，比表面积大、选择性吸附能力强，是目前使用最广泛的材料，可应用于环保、医药、化工、食品、军事、化学防护等各个领域。油茶壳是油茶果加工油茶籽油的副产物，包括果壳和籽壳两部分。其中，果壳厚且有一定强度，纤维素和木质素含量高（≥70%），适合制备颗粒活性炭，也可加工成粉状活性炭。

（1）技术原理。以油茶果壳为原料，磷酸为活化剂，经炭化、梯级活化调整孔径，制备中大孔发达的活性炭。磷酸对茶果壳产生润胀作用、脱水作用、氧化作用和芳香缩合作用，使原料中的碳氢化合物所含有的氢和氧分解脱离，以 H_2O、CO_2 等小分子形式逸出，从而产生大量孔隙。通过原料预热解处理，让磷酸充分渗透，可以降低磷酸用量与活化温度，减少磷酸在高温下挥发，减少气相污染和磷酸损失。

（2）工艺过程. 主要包括原料粉碎筛选、活化剂溶液配制、浸渍、炭化、活化、回收、漂洗（酸水洗工序）、离心脱水、干燥等工艺。磷酸活化法制备的活性炭的孔径结构和性能可通过调节活化条件控制，比较灵活，更有利于活性炭发达孔隙的形成。采用多段供热、分级控温技术提高传热效率，可使活化反应温度降低 100℃以上，产品得率提高 10%。同时，减少活化剂气相蒸发损失约 50%，降低煤耗 20%，大大降低了化学活化剂对环境的污染。约 2.3t 油茶果壳生产 1t 活性炭，吨磷酸消耗 100kg 以下（图 13-7）。

（3）关键技术。油茶壳原料在浸渍过程中，首先要配制工艺磷酸溶液。工艺磷酸溶液的配制方法是将高浓度的磷酸和回收工段回收得到的磷酸溶液进行混合，配制合适浓度的磷酸溶液。浸渍工艺条件：磷酸溶液波美度为 48 波美度（60℃），

```
            ┌─────────────┐
            │ 磷酸活化剂    │
            │ 溶液配制      │
            └─────────────┘
                  │
  ┌──────┐   ┌────────┐   ┌──────┐   ┌──────┐   ┌──────┐   ┌──────┐
  │ 原料 │ → │ 粉碎筛选 │ → │ 浸渍 │ → │ 碳化 │ → │ 活化 │ → │ 回收 │
  └──────┘   └────────┘   └──────┘   └──────┘   └──────┘   └──────┘
                                                    水蒸气、HCl →   │
  ┌──────┐   ┌──────┐   ┌──────────┐   ┌──────┐
  │ 成品 │ ← │ 干燥 │ ← │ 离心脱水  │ ← │ 漂洗 │
  └──────┘   └──────┘   └──────────┘   └──────┘
```

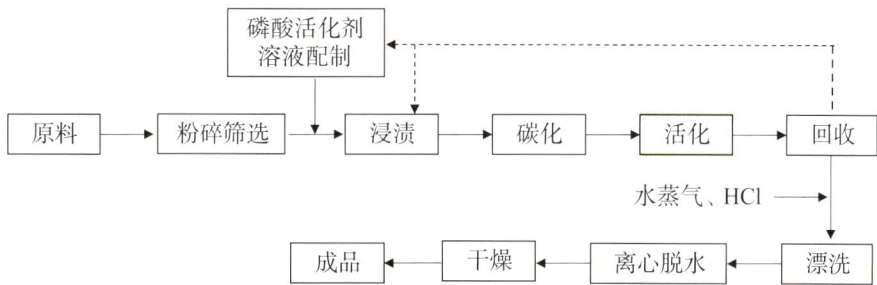

图 13-7　磷酸法活性炭的生产工艺流程示意

pH 值为 1.10，磷酸与油茶壳浸渍比范围为（1~3）：1，控制浸渍温度在 60~100℃，有利于稳定活性炭的质量。通常，油茶果壳经干燥、除灰等预处理，浸渍磷酸溶液，后用于炭化活化。与磷酸混合后陈放一定时间对产品的亚甲基蓝脱色无影响，而对焦糖脱色影响较明显。因此，大孔液相脱色活性炭需让油茶果壳和磷酸溶液混合后，陈放一定时间，使得磷酸充分渗透入油茶果壳组织中，增强活化效果。根据生产工艺和产品需要，可提高磷酸浓度。

（4）活化工艺。活化温度是热处理过程中影响活性炭孔隙结构最重要的因素。采用磷酸活化法于 450℃左右所制备的油茶壳活性炭的孔隙结构最发达。在工业上亦常采用 450~500℃作为活化温度，所得磷酸法活性炭产品吸附能力较强。此外，在内热式转炉中，使含有一定空气含量的燃气与浸渍磷酸的物料直接接触有利于进一步提高活化效果。

（5）磷酸回收。从转炉得到的油茶壳活性炭稍加冷却后，可以直接用料车或密封的输送带运送到回收桶，加入磷酸"梯度液"以梯度回收法回收磷酸，回收桶的结构与氯化锌活化法中所采用的回收桶相似。经炭活化后，部分磷酸转变为焦磷酸和偏磷酸，在回收过程中可与水反应转变为正磷酸而回收。为有效除去金属离子，可采用阳离子交换树脂吸附法，但该技术要求高，仅适用于大型活性炭企业。

（6）废水废气处理。磷酸活化法的废水废气主要包括油茶壳热解所产生的挥发性物质、燃料燃烧所产生的废气、磷酸回收以及漂洗工序所产生的废水，需对这些废水和废气进行处理，使其达到国家排放标准。磷酸活化过程产生的废气可采用多级水喷淋、除尘等方式净化，并回收挥发至尾气中的磷酸，降低生产成本。废水可采用多级沉降的方式处理，通常是首先采用多个沉降池将废水中的细炭沉降回收，然后加入石灰并搅拌以中和废水，最后经多级沉降分离废水与石灰反应产生的沉淀，使废水达到排放标准，完成废水的处理过程。

（7）技术经济指标。每吨产品需耗干基茶果壳约 2.3t，每吨活性炭产品的磷酸消耗可控制在 0.1t 以下（85% 浓度），生产用水循环使用，无排放。尾气热量循环利用，节能 10%，尾气清洁排放。

（8）高吸附性化学法活性炭样品指标。亚甲基兰脱色率 ≥ 300mg/g，碘吸附值 ≥ 1100mg/g，比表面积 ≥ 1200m^2/g。

13.2.2 油茶壳制备糠醛技术

糠醛是一种具有类似杏仁油气味的无色或淡黄色的液体，是一种极为重要的化工原料，主要用于合成橡胶、合成纤维、合成树脂、石油加工、香料、染料、涂料等行业。

（1）制备原理。油茶果蒲壳中含有约为 30% 的戊聚糖，通过对多缩戊醛的水解可生成糠醛。木糖几乎能定量地转化成糠醛，但其他戊糖制糠醛收率都较低。单纯的戊糖和己糠醛酸天然存在很少，当用强酸处理植物（例如木材糖化）时，全部多糖被糖化变成水溶性单糖，将所得的单糖溶液与强酸共热时戊聚糖及己糠醛酸生成粗品糠醛。粗品糠醛由于杂质很多，需要通过精馏工艺收集馏分获得高纯度糠醛。

（2）工艺流程。油茶蒲制备糠醛，以稀硫酸作为水解剂，采用浓度为 7% 的硫酸，固液比为 1∶10，蒸汽压力 0.5MPa 下持续搅拌 7 小时，后将水解液在 120℃下，进行减压精馏，并在 25℃下冷凝回收高纯度糠醛（95%），如图 13-8。

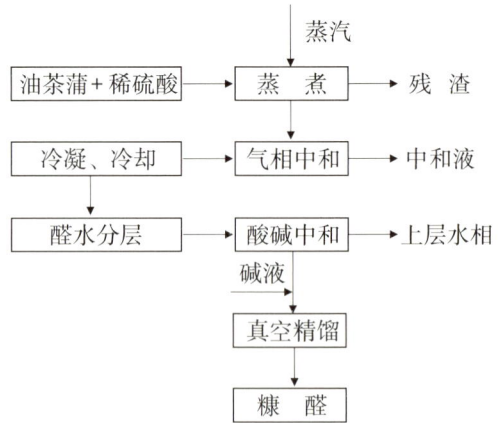

图 13-8　油茶蒲制备糠醛工艺流程

13.2.3 油茶果壳基质化技术

13.2.3.1 油茶果壳育苗基质生产技术

油茶果壳与泥炭的原材料成分类似，同时因其半纤维素含量高达 49.34%，具有替代泥炭成为植物栽培原料的巨大潜力。油茶果壳育苗基质生产技术针对油茶果壳富含皂素、半纤维素含量高的特性，通过添加不同辅料与油茶果壳高温有氧共发酵，考察发酵产品腐熟度、安全性和稳定性评价指标。根据发酵产品理化特性，可用作有机肥、土壤改良剂、替代泥炭培育花卉苗木等。

（1）油茶果壳发酵。以油茶果壳为主料，其他动植物废弃物中的一种或多种为辅料，进行混合发酵。原料推荐粒径为 1.3~10mm，下限适用于通风或连续翻堆的发酵系统，上限适用于静态发酵系统。

发酵方法包括：①碳氮比调节：通过添加辅料调节油茶果壳堆料碳氮比至25~60。②含水率调节：通过添加干、湿物料或加水调节油茶果壳堆料含水率至50%~65%。③微生物接种：添加含有木质纤维素降解菌的菌剂，添加量为堆体干重的1%~3%。④堆置发酵：将混匀的发酵物料堆起，堆体宽度应不小于1m，堆体高度根据发酵的具体类型确定，室内发酵，不低于1m；室外发酵，不低于2m；有条件的可以配套槽式膜发酵，或通气设备。⑤翻堆或鼓风：根据不同发酵时期及堆体温度及时翻堆或鼓风；堆体升温期，堆体内部温度首次上升至60~65℃，翻堆或鼓风一次；堆体高温期，内部温度保持在50~60℃，每7天翻堆一次或及时鼓风，并调节物料含水率至50%~65%。⑥降温期：堆体内部温度低于50℃，每12天翻堆一次；堆体内部温度下降至35℃以下，且连续两天温差不超过±2℃时，停止翻堆。⑦后期腐熟：若需要进一步提高发酵产品的腐熟度，可在原地或将发酵产品移出发酵场地继续堆置30~60天，中间翻堆1~2次。

（2）发酵产品复配。复配场地应选择在发酵场地内或附近，易于设备操作的硬化地块。将油茶果壳发酵产品与有机基质、无机基质或其他基质按原料理化特性和所培育花卉苗木进行配方设计。将直径≥5cm的结块腐熟发酵产品，用普通粉碎机粉碎。根据育苗基质配方及需求量，计算出每种原料所需体积，将各原料分层间隔堆置，并混翻3~4次，使其充分混合均匀，复配结束（表13-1、表13-2）。

表13-1 油茶果壳发酵产品腐熟度评价指标及方法

项　目	指　标
堆体发酵温度	无害化和稳定化高温有氧发酵卫生标准为最高温50℃以上，大于10天；自然降温至35±2℃
外观	疏松的团粒结构，颗粒直径小于1.3cm，灰黑褐色或浅褐色，风干易碎
子发芽指数（GI）（%）	≥85

表13-2 常见基质原料特性

通透性好	保水性好	弱碱性或碱性	酸性
椰糠、岩棉、珍珠岩、蛭石、蘑菇渣、发酵产品、碳化稻壳、陶粒、聚苯乙烯等	蛭石、草炭、发酵牛粪、发酵产品、聚氨酯泡沫等	蛭石、珍珠岩、煤渣	草炭

（3）基质化育苗。工艺流程：油茶果壳和其他辅料→粉碎→油茶果壳与辅料混合调节碳氮比→加水调含水率→加菌剂→建堆→高温有氧发酵→降温、陈化→检测→发酵产品→复配→基质育苗。

13.2.3.2　油茶果壳食用菌基质生产技术

目前，食用菌企业常用的栎木、阔叶木随着天然林禁伐令的实施，导致资源紧缺，价格逐年上涨，制约了食用菌产业的发展。油茶果壳由于其较大的产量成为替代品之一。但是，油茶果壳中含有皂素、单宁等次生代谢物质不利于食用菌菌丝生长，一般采用微生物对其进行生物降解，同时针对半纤维素含量较高的油茶果壳，需要特定的油茶果壳栽培食用菌配方（图 13-9）。

（1）主要特征和技术指标。油茶果壳粉碎（过 10mm 筛），加水调含水率至 55%~60%，加入皂素和单宁降解菌剂 1%~3%，搅拌均匀、建堆、高温有氧脱毒处理 7~10 天后，油茶果壳用水淋洗 2~3 次，晾干后备用，皂素和单宁降解率分别达 84.88% 和 68.45% 以上。脱毒处理后的油茶果壳因其半纤维素含量较高，在食用菌栽培基质中替代木屑的量 ≤ 30%。油茶果壳基质配方可以栽培秀珍菇、香菇、海鲜菇、大球盖菇（图 13-10）等，食用菌产品经权威机构检测符合国家标准质量要求。

（2）工艺流程：油茶果壳→粉碎→加水调含水率→加菌剂→搅拌均匀→建堆→高温有氧脱毒处理→油茶壳用水淋洗→晾干后备用→替代木屑制备食用菌栽培基质。

图 13-9　油茶果壳拌料发酵　　　图 13-10　油茶林下栽培大球盖菇

（撰稿人：方学智、胡立松、杜孟浩、张金萍，中国林业科学研究院亚热带林业研究所；王成章、孙康，中国林业科学研究院林产化学工业研究所）

~∽ 第五编 ∾~

油茶产业技术装备

油茶产业技术装备是指油茶生产过程中产前用于管护、抚育、采收等，产后用于果实脱壳、干燥、油脂压榨等的作业装备，是油茶生产全程机械化所涉及装备的总称，是油茶产业健康、可持续、规模化发展的重要技术保障。油茶产业技术装备的使用，可以极大地降低劳动强度、缓解农村劳动力不足、节约经营生产成本、增加种植收益。生产机械化是油茶产业持续健康发展的根本出路，油茶产业技术装备与主要生产环节工艺要求高度融合，达到优良品种、规范种植、科学管护、机械化生产相统一，是实现油茶产业现代化的四个基本支撑。进一步提高油茶生产机械化率，推动更多油茶生产机械的研发，助力油茶产业持续健康发展，意义重大。随着大数据、智能制造、人工智能等新技术赋能，油茶生产将由机械化迈进智能化、智慧化，这是油茶产业机械化未来发展的趋势。

　　针对油茶种植环境以及土壤管理、树体管理、果实采收、产品初加工等主要生产环节的作业要求，本编重点介绍了油茶林地管护机械、果实采收机械、果实脱壳机械和油脂压榨机械等系列机械装备。这些机械装备结构小巧、动力强劲、维护方便、操控性好、安全性高，基本满足茶油机械化生产需求。

（撰稿人：李立君，中南林业科技大学；

周建波，国家林业和草原局哈尔滨林业机械研究所）

第 14 章
油茶林地管护机械

油茶林地管护主要包括垦覆、施肥、垦覆、树体管理等环节，是实现油茶丰产增收的重要技术措施。油茶林地管护机械是指用于垦覆、除草、施肥、树体修剪和病虫害防控的机械设备。由于油茶林地作业环境复杂，普通田间和果园管护机械满足不了山地油茶管护的林艺要求。油茶林地管护机械需具备动力强劲、结构小巧、安全性高、通用性好等特点。

根据用户对林地垦覆、除草、施肥等机具的需求，油茶管护机械研发与制造单位，既可以提供单个生产环节的机械，也可以提供两个或多个环节的组合或复合作业设备。这些机械包括林地垦覆机械、林地除草机械、林地施肥机械、林地修剪机械等。

林地管护机械使用对油茶林地具有相应的作业基本要求：①林地内应有不小于1.5m 宽、坡度不大于 25° 的平整机行道；②油茶种植密度应 ≤ 80 株 / 亩；③林地如有残留树根或显见障碍，应及时清理或标记。

14.1 油茶林地垦覆机

土壤垦覆是指利用垦覆铲或者凿形犁等工具进行土壤深层疏松而不翻动土壤的一种作业方式，是保护性耕作的重要环节。土壤深层疏松可改善土壤结构，提高土壤的透气性，减少地表水分径流，增强土壤深层蓄水保墒能力，为油茶生长提供良好的土壤环境。

常见的土壤垦覆机有侧弯刀式垦覆机、振动垦覆机以及杆齿式、翼铲式垦覆机等。图 14-1 为 5YS200A 型履带立式土壤垦覆机，由机械系统、动力系统、液压系统及电气系统组成，是机电一体化产品。

图 14-1　5YS200A 型履带立式林地垦覆机

14.1.1　整机原理及结构

履带立式林地垦覆机的主要结构如图 14-2，主要由履带式底盘、底盘传动系统、悬挂装置及垦覆工作头组成。其中，履带式底盘构造包括履带、传动车轮、支重轮、张紧装置、导向车轮、托链轮及底盘机架；底盘传动系统包括柴油发动机、驾驶台和动力传动部件；垦覆工作头包括伞系齿轮、垦覆刀和覆土部件；履带立式林地垦覆机通过液压驱动及垦覆工作头旋转，将工作头旋入待垦覆土壤，垦覆后土壤由螺旋工作头向上旋出。

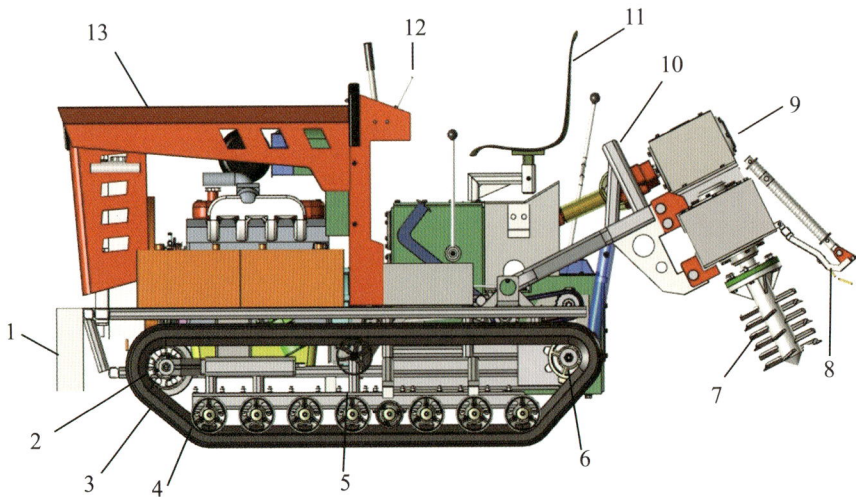

图 14-2　履带立式林地垦覆机总体结构

1. 底盘机架；2. 张紧装置与导向轮；3. 履带；4. 支重轮；5. 托链轮；6. 驱动轮；7. 垦覆刀；
8. 覆土部件；9. 伞系齿轮；10. 悬挂机架；11. 驾驶台；12. 动力传动部件；13. 发动机及机罩

14.1.2 主要技术参数与适应性

5YS200A 型履带立式林地垦覆机主要技术参数见表 14-1，可用于 25° 以下坡地油茶林的垦覆作业。

表 14-1 5YS200A 型履带式林地垦覆机技术参数

技术指标	参 数	技术指标	参 数
整机尺寸（mm）	1300×300×750	最大前进速度（km/小时）	1~3
作业幅宽（mm）	1200	作业效率（m²/小时）	1200~3600
垦覆深度（mm）	150~230	锥齿轮齿数比	19：25
刀片形式	斜切片状刀	连接形式	四点挂钩悬挂
刀头数量（片）	4~5	整机质量（kg）	300
配套动力（kW）	48~65	齿轮油加注量（kg）	15

14.1.3 使用与维护

（1）作业规划。作业前要充分了解油茶林的实际情况，明确地形地势特点、垦覆面积、障碍物位置等，预先规划行驶路线和作业方案；要求驾驶员按照设计好的行驶路线、垦覆深度和作业效率规范作业。

（2）驾驶操作。驾驶过程中应密切关注垦覆机及牵引动力的状态，如发现牵引力异常增大或减小、机具出现异响，应及时停机检查并排除故障。

（3）作业质量与相关要求。行驶路径应尽量保持直线，匀速行驶能更好地保持垦覆土地质量的均匀性；若在垦覆作业过程中出现土壤拖堆问题，应及时停机查明原因，及时清除作业头上缠绕的杂物和粘附的泥石。

14.2 油茶林地除草机

专用的林地除草机采用可变幅逆铣螺旋式悬锤刀具组，在强动力高速旋切作业条件下，实现除草、清灌、割藤、碎草等功能。以 3ZYCC-A 自走式清林除草机（图 14-3）为例，该机由动力平台和除草作业头两部分组成，整机功率 27kW，除草作业头可以自由升降，以实现碎草清林。与人工半机械化割草相比，具有劳动强度低、用工时少、割草碎草功能全等优点。

图 14-3　3ZYCC-A 自走式林地除草机

1.除草作业头；2.共享动力平台

14.2.1 整机原理与结构

　　该机配备柴油动力系统和履带式行走机构，以液压驱动作业，可在 25° 以下丘陵山地（如油茶林）作业，具有结构简单、小巧灵活、操作可靠简便、作业效果好、成本低等特点。除草机具包括用于除草清灌作业机构（图 14-4）、左右变幅机构、上下举升机构和行走装置。除草清灌作业机构挂载于履带底盘前方，非作业状态时通过钢绳将其抬起，远离地面。作业状态下，钢绳处于松弛状态，履带底盘推动除草清灌机构在油茶林间作业，作业头随导向滑板贴合凹凸不平的地面；同时，除草马达组件将动力传递至除草作业头使其开始逆铣工作，将杂草低矮灌木切除粉碎并抛向后方。

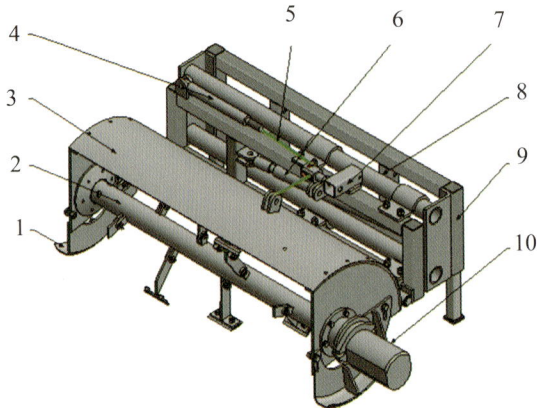

图 14-4　除草作业头结构

1.导向滑板；2.碎草作业头；3.作业头支架；4.摆动液压组件；5.齿条；
6.变幅装置；7.除草马达组件；8.主动皮带轮；9.V 型皮带；10.从动皮带轮

除草机的刀具自由悬垂，依靠其重力，在高速旋转下产生巨大动能，可将容纳的杂草、低矮灌木等粉碎，布置采用合理幅宽，以防止漏切。刀片通过螺栓固定在T形架上，更换简单，安全可靠。

14.2.2 主要技术参数与适用性

林地除草机的主要技术参数见表14-2，可用于经济林林地和果园除草，对高茅草、韧藤都具有良好的切削粉碎效果。

表 14-2　除草机具参数

技术指标	参　数
动力	柴油机 IV
功率（kW）	27
行走、驱动形式	履带式、液压
作业头尺寸（mm）	800×1000×750
工作轴旋转速度（r/分钟）	0~3000
离地除草高度（mm）	0~20
作业幅宽（mm）	1200
可变幅宽（mm）	400
作业效率（亩/小时）	1.5
布置形式	双螺旋排列布置
与底盘连接形式	机械挂接和液压管路接口

14.2.3 使用与维护

14.2.3.1 使用注意事项

首先是"听"。林地杂草成分复杂，厚薄粗细不均，操作者可以通过听驱动马达声音的浑厚与嘶哑来粗略判断除草所需功率的大小，通过增减油门、调整功率完成清林除草作业。同时，还要听刀具是否切打到石头发出脆响，如出现这种情况，应该立即停止前进，关闭机具除草开关（可以不关闭发动机），进行检查。

其次是"看"。观察除草机在行进过程中是否发生不正常的抖动，该抖动一般是由于机具功率不够导致，需要减速并增大油门以通过除草区；如果仍然抖动则可能是异物缠刀，需停机检查。

此外，油门控制分为低位、中位、高位工作档，分别对应青草、高茅草、韧藤矮灌三种情形。

14.2.3.2 安全与维护

该机设置了机具保护装置，可有效保护刀具和液压元器件，以避免人员伤害和器件撞损。

（1）自走式除草机工作头前方和两侧距离 2m 内不允许有人。

（2）急停按钮在操作面板的明显位置，在遇到紧急情况时操作者可迅速按下急停按钮。

（3）每次开机前应该做好常规检查，作业完成后应对作业头和刀具进行必要的清土除杂，并查看刀具的磨损变形情况。

（4）机具长期不使用时，应该将除草作业机具从动力平台上拆下，将液压油管封好，将机具清洗干净后，在关键部位加注润滑油，对刀具进行上油防锈处理。

14.3 油茶林施肥机

在一定的土壤深度范围内进行颗粒或有机肥施用是油茶重要的施肥方式，不但能提高土地肥力和节约肥料，还能促进油茶根系生长，有利于增强油茶树的抗旱涵养能力，适时合理的施肥对油茶树的生长和油茶增产增收具有重要意义。施肥机能够在林地根据用户需要开出 50~300mm 沟槽，开沟的同时在槽底可进行精量控制肥料撒施，最后填埋覆土，具有开沟–施肥–覆土联合作业功能。

14.3.1 整机原理及结构

图 14-5 为 1KZF-300A 油茶林施肥机，主要由开沟器、施肥器、浮动覆土器、动力底盘四部分组成，采用柴油机驱动履带式底盘；变速箱设置高低速 6 个前进挡和 2 个倒挡；开沟器采用液压控制开沟深度；施肥器由直流电机带动无心螺旋定量施肥；覆土器依靠重力浮动覆土。施肥机工作时，开沟刀切削深度由升降装置调节，施肥器后置于开沟刀具，使得肥料在施入槽底后能够被后续扬起的尘土填埋，稳定置于深土中，而倒 V 形覆盖板在机具拖动下将两侧松土收拢于开槽处，起到了覆土填埋的作用。

图 14-5　1KZF-300A 油茶林施肥机
1.动力底盘；2.施肥器；3.开沟器；4.浮动覆土器

14.3.2　技术参数与适用对象

1KZF-300A 林地施肥机的主要技术参数见表 14-3。该机适用于颗粒化肥和有机肥料的施肥作业，可一次性完成深开沟、施肥、覆土作业，开沟施肥深度可调，地形适应能力强。

表 14-3 1KZF-300A 油茶林施肥机主要技术参数

技术指标	参　数	技术指标	参　数
开沟深度（mm）	0~300	开沟宽度（mm）	200
作业效率（m/ 小时）	＞ 235	肥料种类	颗粒化肥、有机肥
链速（m/ 秒）	6~7	动力（kW）	24.0
整机尺寸（mm）	3000×1000×750	动力类型	柴油

14.3.3　使用与维护

（1）作业前，检查各部位的紧固件及焊接件是否松动或脱落，检查各密封结合处是否有渗漏油现象；排查和解决问题后，对各传动部件加注润滑油。

（2）开沟机起步：启动动力，接合动力输出轴，转动 1~2 分钟进入正常状态，挂上工作挡；操作拖拉机液压升降调节手柄，使开沟机逐步入土，直至正常沟深；逐步松开离合器踏板，同时加大油门，向前行驶。切忌在前进时同步降下开沟机，以防损坏机械。

（3）油茶林间转弯、倒车时，严禁开沟作业，最好是升起开沟机，切断拖拉机动力输出。

（4）开沟机工作时，为防止泥土飞溅伤害眼睛，操作者最好戴防护镜。

（撰稿人：廖凯、陈飞、汤刚车、李立君、罗红、高自成、闵淑辉、郭鹏程，中南林业科技大学）

第 15 章
果实采收机械

油茶果实采收机械是指通过机械装置替代人力劳动，完成果实采摘和收集过程的机具统称。传统的油茶果实采收为人工采摘，劳动强度大，所需人工多，其人工成本占到油茶生产成本的 30%~50%。油茶果实采收机械化可有效破解其采收劳动强度大、采收时间短、生产成本高的困局，是实现油茶产业发展的关键之一。油茶花果同期，采收机械既要实现高效采收，又不能损伤花蕾，因此与其他果实采收机械相比，油茶果采收机械技术要求更高。融合林学、机械、控制等多种技术，采用振动或拍打等方式实现低损花高效采收。

目前，已有的油茶果采收机械主要分便携式和自走式。其中，便携式采摘器属于小型半机械化采摘装置；自走式采收机属于高效自动化装备。

15.1 便携式采摘器

便携式油茶采摘器是指在油茶采摘作业场景中易于携带的一类设备的总称。便携式油茶采摘器主要依靠小型机械辅助人工采摘油茶果，提高油茶采摘效率，降低人工劳动强度，主要包括便携梳刷式和便携振动式两种形式。

15.1.1 便携梳刷式采摘器

15.1.1.1 整机原理及结构

便携梳刷式油茶采摘器（图 15-1）主要由汽油机、手持杆、梳刷头三部分组成。汽油机作为动力源，采用背负式安装，传动系统采用软硬轴搭配进行转动输出，配备减速箱调节转速。

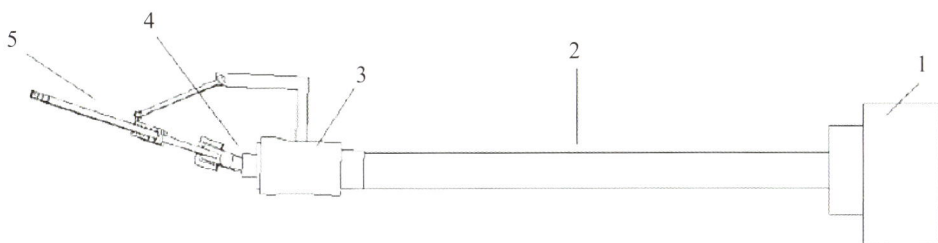

图 15-1　便携梳刷式油茶采摘器
1.汽油机；2.手持杆；3.固定连接；4.传动轴；5.梳刷面

梳刷头由多根梳刷指构成（图 15-2），其转动速度可通过调节油门大小来控制，梳刷指的指间距在梳刷作业时会发生周期性变化。当梳刷指间距小于油茶果直径时，油茶果无法通过梳刷指间隙，被梳刷指分离；当油茶果间距大于油茶果直径时，夹在梳刷指之间的油茶果会松脱，以此实现变间距梳刷拍打油茶果。

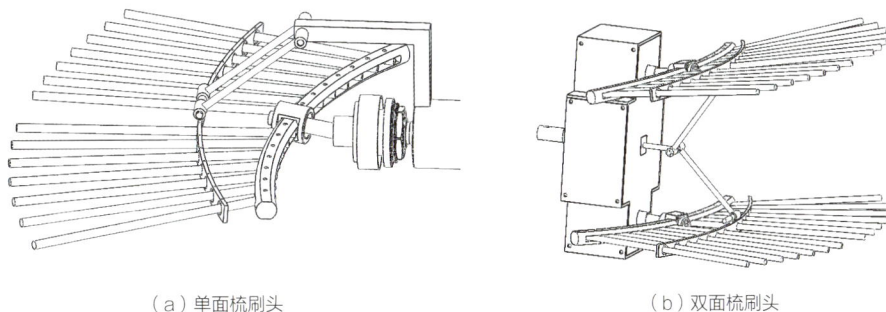

（a）单面梳刷头　　　　　　　　　　（b）双面梳刷头

图 15-2　采摘器梳刷头种类

15.1.1.2　技术参数与适应性

便携梳刷式油茶采摘器的作业性能参数见表 15-1，适用于陡坡、地势复杂、通过性差的油茶林果采摘作业。

表 15-1　便携梳刷式油茶采摘器作业性能

技术指标	性能参数
动力源	汽油机
整机尺寸（mm）	2700×300×260
操作杆长（m）	≥1.5
采摘头质量（kg）	3
击打频率（Hz）	10~15
采净率（%）	≥90
采摘效率（株/小时）	10

15.1.1.3 使用与维护

作业时，操作者手握手持杆，将梳刷头放置到需要击打果实的位置，如图 15-3 和图 15-4 所示。

图 15-3　手持机就位　　　　　图 15-4　实际采收

设备运行时，切勿将手等身体任何部位置于作业运动器件的动作行程范围内；由于使用汽油机为动力源，禁止在装置附近使用明火，切勿将手等身体任何部位触碰汽油机组件，以防烫伤。在维护过程中，需要保持梳刷头的整洁，定时清理；定期对转轴进行润滑，滴润滑油；存放时应将汽油机里的油倒回油桶，避免长时间光照挥发。

15.1.2　便携振动式采摘器

15.1.2.1　整机原理及结构

该便携振动式油茶采摘器以蓄电池为动力源，由夹持爪、传动杆、电机等组成（图 15-5）；所述传动杆主要由一级传动杆和二级传动杆两部分组成（图 15-6）。

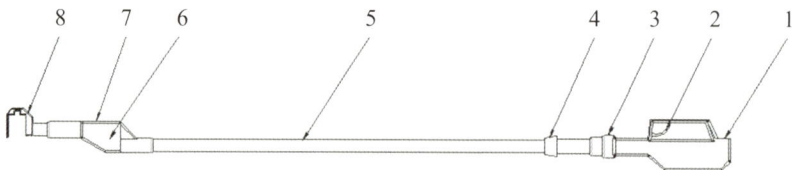

图 15-5　便携振动式油茶果采摘器结构
1.电池；2.开关；3.电机；4.联轴器；5.传动杆；6.振动部件；7.壳体；8.夹持爪

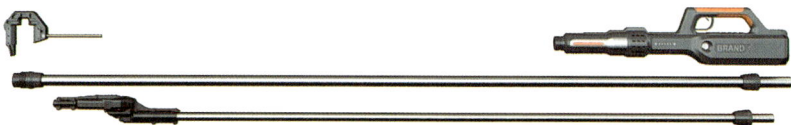

图 15-6　便携振动式油茶果采摘器实物

采摘器工作时，将夹持爪卡在树枝上，调整电机至合适转速，动力通过传动轴传递至振动部件，使振动部件中偏心轮开始旋转，带动偏心轮上的连杆做往复直线运动，产生振动力将果实晃落，实现油茶果的振动采摘。

15.1.2.2 技术参数与适应性

便携振动式油茶果采摘器的作业性能参数见表15-2，适用于陡坡、地势复杂、通过性差的油茶林果采摘作业。

表 15-2 便携振动式油茶采摘器作业参数

技术指标	性能参数
操作杆长（m）	≥ 1.5
振动频率（Hz）	15~25
振动幅度（mm）	≤ 85
单树完成时间（分钟）	8~10
树枝损伤率（%）	<1
换树时间（分钟）	1~2
采净率（%）	≥ 85
采摘效率（株/小时）	≥ 7

15.1.2.3 使用方法

（1）传动杆使用。将一级传动杆底部零件与动力主机头部位置对齐拧紧螺母，如图15-7所示。如需加长传动杆，可将二级传动杆插入一级传动杆内部，使二级传动杆底部零件与一级传动杆头部位置对齐，拧紧螺母，如图15-8所示。

图 15-7 传动杆与主机连接

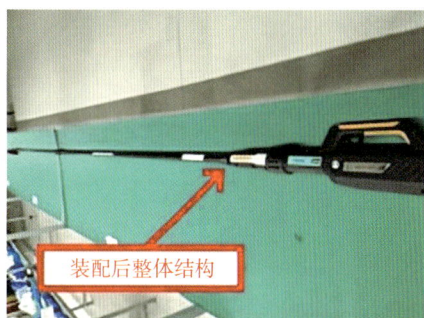

图 15-8 采摘器装配后整体结构

（2）夹持爪使用。挂钩朝下，然后将螺栓固定，如图15-9所示。

（3）动机主机使用。按下按钮，把后盖打开，将电池沿导轨凹槽对准方向装进动力主机内；按下动力主机上的按钮，打开机器，并查看指示灯及电量显示是否正常，如图15-10所示。

图 15-9　采打头

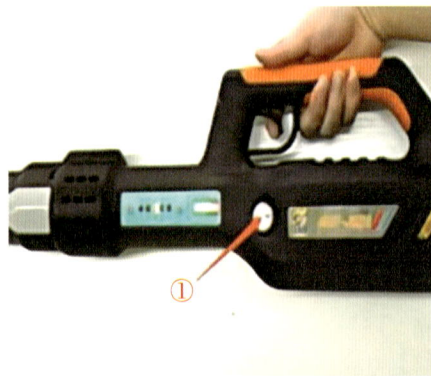

图 15-10　动机主机

采收时应挂在离树枝分叉位置至少 30~50cm 处进行采打，采打头同树枝的夹角应为 90° 左右；采收时禁止挂在树枝分叉的位置进行工作，以免电机损坏；禁止采打直径超过 40mm 的树枝。设备在维护过程中，维护人员需定期对设备易出现问题的部分进行检修（如螺丝是否松动），对关键机构做好防锈处理等。

15.2　自走式油茶果采收机

自走式油茶果采收机如图 15-11 所示，有液压式（4ZYYC）和机械式（4ZJYC）两个型号。

图 15-11　自走式油茶果采收机

15.2.1　整机原理与结构

自走式油茶果采收机主要由行走装置、升降机构、输送机构、振动器、夹持机构、收集装置、推料机构等组成，如图 15-12 所示。采用柴油发动机，行走装置采用液压或机械驱动，作业装置由液压驱动。

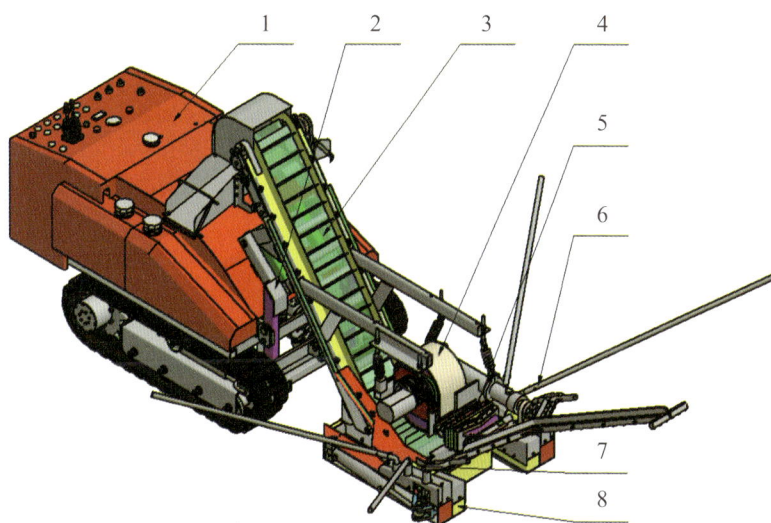

图 15-12　自走式油茶果采收机结构

1.行走装置；2.升降机构；3.输送机构；4.振动器；5.夹持机构；6.收集装置；7.推料机构；
8.U 型底座

在每次采收作业时，先将采收机的各个功能模块置于初始状态，收集装置收拢，如图 15-13 所示。作业时，使收集系统底座前方的 U 型口对准采收目标油茶树干，使夹持机构夹紧树干；打开收集装置，先启动收集输送机构，再启动振动器，每棵树振动采摘时间 2~8 秒，振动器停止振动后，等待输送机构将收集装置内的油茶果输送到包装袋内。完成输送后，机器停止输送，收拢收集装置，松开夹持机构使其恢复到初始状态。

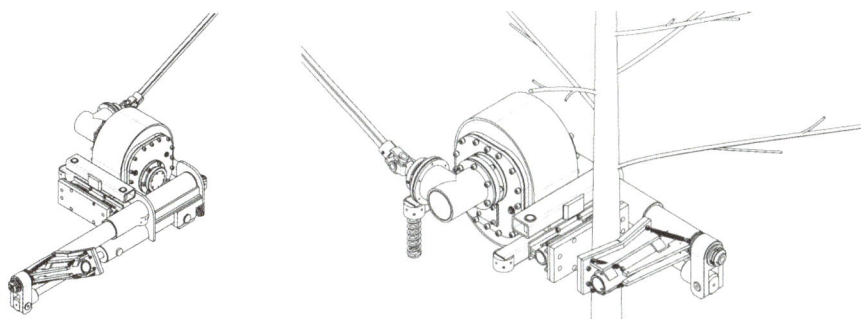

图 15-13　夹持机构的初始状态（左）和夹紧状态（右）

15.2.2 技术参数与适用对象

自走式油茶果采收机主要技术参数见表 15-3，适应于 25° 以下坡地或梯平地、树龄 5 年以上油茶树的果实采收作业，采收时间一般以油茶果成熟时间点前 3 天至后 10 天内采收效果最佳。

表 15-3　自走式油茶果采收机技术参数

技术指标	性能参数
动力	柴油机
功率（kW）	27
整机尺寸（mm）	2600 × 900 × 1300
行走、驱动方式	履带式、液压
采净率（%）	≥ 85
采摘效率（株 / 小时）	≥ 30
收集率（%）	≥ 90
损花率（%）	≤ 5

15.2.3　使用与维护

15.2.3.1　使用前注意事项

（1）油茶采收机属于专业设备，操作者必须经过专门培训，熟悉机具特点、作业流程及常见故障和应对措施。

（2）油茶林地条件复杂，杂草灌木多，尤其是对行进中存在的深坑、树桩、石块、斜坡松土等，需在采收前进行清理。

（3）检查夹持器缓冲块是否完好，采收机电量、机油和燃油是否充足，油茶果输送机构及周围附件是否有异常，检查传动件是否出现移位，紧固件是否松动等。

（4）熟悉采收机的 4 种状态：采收机的工作状态，即启动采收机；采收机的采收状态，即夹持器处于夹紧（树干）状态、收集伞张开、输送系统运行；采收机的非采收状态，即夹持器处于初始放松状态、收集伞收拢、输送系统停止；采收机的停止状态，即熄火或紧急制动。

15.2.3.2　作业中注意事项

（1）树干部位夹持的最佳离地高度应保持在 300~500mm，可通过升降采收作业部进行调节。

（2）预判到周围有树枝或其他障碍物造成开伞困难时，收集伞不要强行打开，以免损坏支撑杆，收集伞的状态不影响油茶果采摘效果。

（3）采摘时采摘器不要长时间工作，单次工作时长控制在 3 秒内，视情况可重复 1~2 次。

（4）在采收作业状态下，输送皮带如果停止工作时，应立即关闭输送控件，待本次采摘完毕后停机检查。

（5）在作业状态下，人体不要靠近任何运动机构。

（6）在斜坡作业时，要充分考虑坡度和燃油对设备的影响，不要超过规定的采收条件作业。

自走式油茶采收机的常见故障及其排除方法见表 15-4。

表 15-4 常见故障机排除方法

序号	故障	原因	排除方法
1	机器启动后，操作台按键失灵	（1）电器元件短路； （2）保险丝熔断	（1）查看是否有烧黑的元器件或线组； （2）打开尾部箱盖，查看保险盒
2	输送带停止运行	（1）枝叶堵塞卡在辅助轮上； （2）主动轮上传动键滑落； （3）由于水或油使得带轮打滑	（1）清理树枝杂物； （2）打开防护盖重新装上； （3）清洗皮带后重新张紧
3	驱动轮打滑，上坡困难	（1）着力点泥土疏松； （2）抵到树桩； （3）橡胶履带打滑	（1）重新规划路径避让； （2）清除树桩或避让； （3）张紧处理

（撰稿人：李立君、廖凯、高自成、罗红、闵淑辉、汤刚车、陈飞，中南林业科技大学；周建波、汤晶宇、苗振坤、毕宏伟、王凡雨，国家林业和草原局哈尔滨林业机械研究所；杜小强，浙江理工大学）

第 16 章
果实脱壳机械

油茶鲜果采摘后，一般要求在鲜果堆沤 7~10 天、含水率下降 5%~10% 时，开始进行脱壳处理。根据其成熟度、气候、品种等差异，堆沤时间应作适当调整。

油茶脱壳机械是指通过外力作用如机械、热力方式进行果壳剥离的设备。根据果壳脱落方式分为机械式脱壳和热风爆蒲式脱壳。油茶果初加工处理是油茶果采收后由鲜果到干籽的加工过程，包括鲜果脱壳和油茶籽干燥两个主要环节，主要流程为预处理—剥壳—分选—干燥。人工鲜果传统加工需进行堆沤、晾晒和人工分拣油茶籽，需要的晒场大、人工多，同时加工过程中也容易受到天气影响，生产效率低、成本高、风险不可控。

油茶果加工处理设备制造企业，根据用户的需求可以提供鲜果加工到鲜籽的半套设备和鲜果加工到干籽的全套设备。油茶鲜果经堆沤后，主要经过剥壳、分选和干燥三道工序。例如机械式剥壳原理主要有撞击、剪切、碾压和搓撕等，现有的鲜果脱壳机绝大多数采用一种或多种原理剥开鲜果。油茶鲜果具有大小不一、形状各异、果壳厚硬和籽壳薄脆等特点，对油茶果加工处理技术和设备提出了较高要求。

16.1 油茶果机械式脱壳机

目前，油茶果机械式脱壳机主要包括缓冲碾压式脱壳机、立式揉搓脱壳机和鄂式挤压脱壳机。

16.1.1 缓冲碾压式脱壳机

冲碾压式脱壳机主要有 1GT-1500 型（图 16-1）和 1GT-3000 型（图 16-2）等。

图 16-1　1GT-1500 型油茶果脱壳机

图 16-2　1GT-3000 型油茶果脱壳机

16.1.1.1 整机原理与结构

基于多通道分级处理的油茶青果，按照油茶果体积大小进行分级，每级脱壳装置内安装缓冲碾压套管和栅条、筛网等部件，将油茶果从大到小渐次脱壳，图 16-3 为缓冲碾压脱壳原理简图。

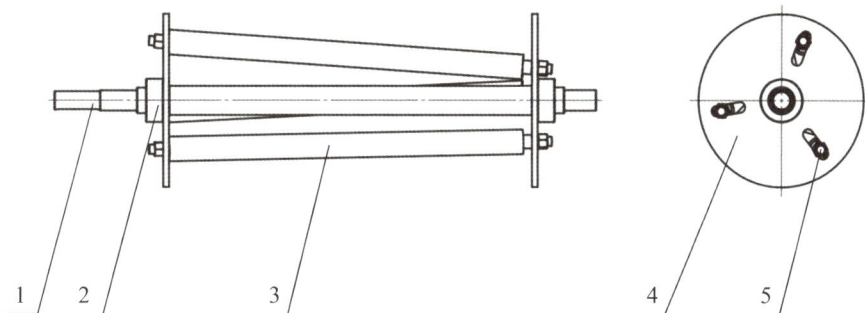

图 16-3　缓冲碾压脱壳原理简图
1. 主轴；2. 挡圈；3. 碾压套管；4. 侧板；5. 斜轴

利用平面多组仿形齿光辊，强制带入果壳进行壳籽的清选，将果壳带入齿光辊之间清除；油茶籽表面光滑，具有较好的弹性，从上表面排出，实现油茶果果壳与茶籽的分离，图 16-4 为清选原理简图。

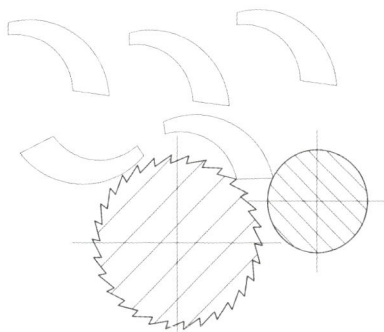

图 16-4　清选原理简图

缓冲碾压式油茶果脱壳机主要由提升机、分级总成、脱壳主机部分、筛选装置、果皮分离总成、机座等组成，如图16-5所示。

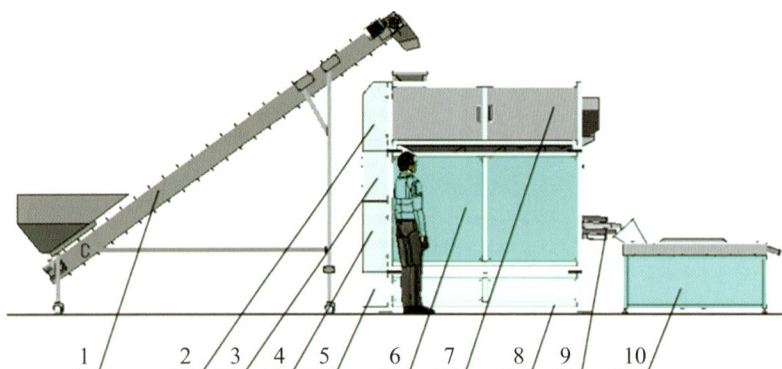

图16-5　缓冲碾压式油茶果脱壳机结构

1.提升机；2.扣罩；3.按钮箱；4.下扣罩；5.工具箱；6.脱壳主机部分；7分级总成；8.机座；9.筛选装置；10.果皮分离总成

16.1.1.2　主要技术参数与适应性

1GT-1500型缓冲碾压式油茶果脱壳机，适用于年产量在500t以下农户或油茶生产企业使用。1GT-3000型缓冲碾压式油茶果脱壳机，适用于年产量在1000t以下农户或油茶生产企业使用。技术参数见表16-1。

表16-1　1GT-1500型油茶脱壳机技术参数

技术指标	性能参数	
	1GT-1500	1GT-3000
提升机外形尺寸（mm）	1580×1100×1600	15000×12000×3000
脱壳总成外形尺寸（mm）	2750×1550×2482	5648×1420×3000
果皮分离总成外形尺寸（mm）	1580×670×980	2250×750×1200
额定电压（V）	380	380
产量（t/小时）	≥1.5	≥3
总功率（kW）	11.2	34.95

16.1.1.3　使用与维护

（1）主要采用三角带及链传动。新带、链在使用一段时间后，由于拉力的作用会逐渐伸长松弛，应根据情况予以调整，各部位都有调紧拉杆或张紧轮，链条及时加润滑脂。

（2）对一切旋转装置中的轴承应及时检查有无缺油磨损，一旦缺油磨损应及时加油更换。

（3）电机的温度不能超过60℃，轴承的温升不应超过40℃，发现温度过高应及时查出原因并排除。

（4）机器在使用时，应经常注意各部位运转情况，检查各部位紧固螺栓是否松动，如发现松动应随时紧固。特别是高转速部位，如果皮分离总成、滚筒等，如发现问题应及时维修或更换。

（5）加工季节结束后，应将机器进行一次大检查。首先检查滚筒轴、齿辊、光棍的运转、磨损情况；其次检查筛体是否有变形或裂纹；然后检查分选筛网磨损情况。检查结束后，应将损坏部分进行修理，清除机械中污物及残留油茶果，拧紧全部螺栓，轴承全部上油，以备下一季使用。

缓冲碾压式脱壳机的常见故障及其检测方法见表16-2。

表16-2 常见故障与检修方法

序号	故障现象	原因分析	排除方法
1	设备工作中有异常响声	（1）地基不牢固，地脚螺栓松动； （2）紧固件或传动部位松动； （3）滚筒内有石块或其他杂物； （4）部分轴承损坏	（1）加固地基，拧紧螺栓； （2）用扳手拧紧其部位； （3）清除杂物； （4）更换新轴承
2	设备工作中停转	（1）滚筒内部有硬质异物； （2）上料量过大	（1）停机后取出； （2）降低上料量
3	设备电机启动不起来	（1）轴转动受阻； （2）电源缺相	（1）排除故障； （2）检查线路
4	破碎率明显增大	（1）油茶果含水率过低； （2）滚筒网与斜轴间隙小	（1）适当湿水； （2）适当调整间隙
5	筛选效果差	（1）筛面孔堵塞严重； （2）筛网孔直径不适合	（1）清除堵塞物； （2）更换合理的筛网孔直径

16.1.2 立式揉搓油茶果脱壳机

图16-6为6BC-1000型立式揉搓油茶果脱壳机。

图16-6 6BC-1000型油茶果脱壳机

16.1.2.1 整机原理与结构

利用圆筒鼠笼筛将油茶果分级装置，通过重力自流使油茶果分别进入两个柔性脱壳装置中，采用立式锥形、内辊外笼、双柔性间隙可调脱壳装置，外筒由多条柔性滚动辊构成，可自由旋转。

立式揉搓油茶果脱壳机主要由滚筒筛分级装置、立式剥壳机构、初选装置、齿辊精选装置、机壳等组成，如图 16-7 所示。

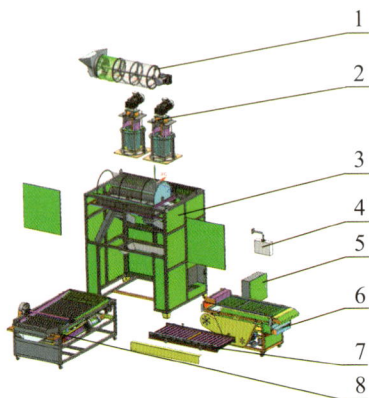

图 16-7　立式揉搓油茶果脱壳机机构

1. 滚筒筛分级装置；2. 立式剥壳机构；3. 机壳；4. 控制面板；5. 电控箱；
6. 齿辊精选装置；7. 齿辊结构；8. 初选装置

16.1.2.2 主要技术参数与适应性

6BC-1000 型立式揉搓油茶果脱壳机技术参数见表 16-3，适用于年产量在 350t 以下农户或油茶生产企业使用。

表 16-3　6BC-1000 型油茶果脱壳机技术参数

技术指标	性能参数
外形尺寸（mm）	$7500 \times 4780 \times 2500$
额定电压（V）	380
效率（t/ 小时）	$\geqslant 1$
总功率（kW）	5.9

16.1.2.3 使用与维护

（1）脱壳机作业前应对所有参加脱壳作业人员进行安全教育，熟悉脱壳机的结构、性能和操作方法。

（2）参加脱壳机作业人员应穿工作衣，女同志应把长发盘到工作帽内，不准佩戴围巾作业，闲杂人员或未成年人不准靠近作业区域。

（3）开机前，操作人员应对脱壳机技术状态全面检查一遍，特别是对各安全防护部件的检查，要求不松、不缺，严禁违章使用。

（4）脱壳机所用一切工具、金属物等严禁放在机器上，应放在指定的工具箱内。

（5）开机前应发出各自规定的信号，待脱壳机空转 3~5 分钟，确无异常情况后方可均匀连续喂料进行作业。停机前应有 3~5 分钟空转时间，将果籽、壳清理干净。

（6）脱壳机运转中应经常注意其转速、声音、轴承升温，发现异常应立即停机检查，待排除后，方可继续作业。

（7）每连续工作一天，应停机检查各总成及各个电机、轴承座等是否异常，检查紧固件是否松动，并随时加以紧固。

（8）严禁在脱壳机运转时进行检修和调试，严禁身体和其他异物靠近传动部位。

（9）脱壳机运转时，不允许把手或其他异物伸入滚筒、提升机料斗、皮带、筛子中。

（10）开机前必须安装皮带安全罩，牢固可靠。

16.1.3　鄂式挤压油茶果脱壳机

图 16-8 为 LS-1 型鄂式挤压油茶果脱壳机。

图 16-8　LS-1 型鄂式挤压油茶果脱壳机

16.1.3.1　整机原理与机构

采用鄂式碾压脱壳方式，脱壳装置由六方主轴、多段鄂式压板组成，鄂式压板具有按压功能，可对分级后的油茶果进行柔性碾压。分选装置结构设计基于油茶籽、壳堆积角差异大的物理特性，采用摩擦滚落技术，实现油茶籽、壳分选作业。

鄂式挤压油茶果脱壳机主要由提升带、分级装置、剥壳机构、分离装置组成，如图 16-9 所示。

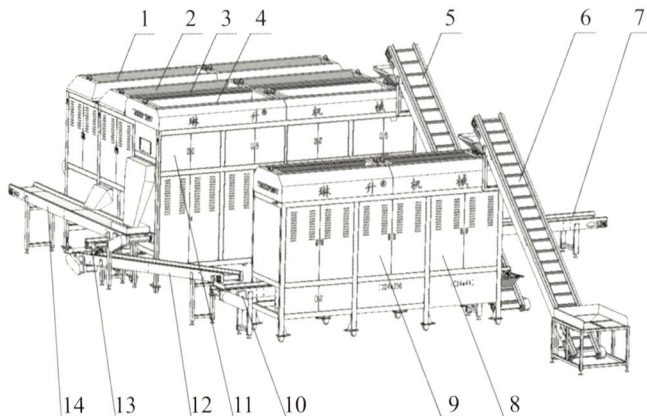

图 16-9　鄂式碾压油茶果脱壳机结构

1.第四次分离装置；2.第三次分离装置；3.第二次分离装置；4.第一次分离装置；5.籽壳混合物提升带；6.鲜果提升带；7.集籽平面带；8.剥壳机；9.分级机；10.籽壳混合物输送带　11.第二次剥壳机；12.回流提升机；13.回流平面带；14.大中壳收集带

16.1.3.2　技术参数与适应性

LS-1 型立式揉搓油茶果脱壳机技术参数见表 16-4，适用于年产量在 1500t 以下农户或油茶生产企业使用。

表 16-4　LS-1 型油茶果脱壳机技术参数

技术指标	性能参数
外形尺寸（mm）	$12000 \times 8000 \times 3500$
额定电压（V）	380
效率（t/ 小时）	$\geqslant 4$
总功率（kW）	23.95

16.1.3.3　使用与维护

（1）接线时，需由专业电工师傅进行安装调试，注意一定要安置地线，以确保用电安全。

（2）使用前要检查分离带是否跑偏，如跑偏时，靠边的那边调整杆顺时往前旋转几下（也可以在另一边逆时针后退几下），检查分离带内是否有杂质，要及时清理及校正，电机三角带是否有磨损。

（3）检查转动链是否有杂质及润滑油状况。

（4）注意脱壳筛网选择是否适当，用久后是否有破损。

（5）使用时要定期检查笼外壁是否有太多挂壳，要及时清理。

（6）各种输送带、提升带，每班检查输送带内是否有杂质，如有及时清理。同时检查其是否跑偏，及时校正。

（7）在进行维修及检查时必须保证所有设备处于停机状态、完全切断电源情况下方可对设备进行维修检查。

16.2 油茶果热风爆蒲机

16.2.1 整机原理与结构

热风爆蒲脱壳机工作时，输送网带将油茶果输送到热风室中，空气经风机送入热风炉加热后进入热风室，透过物料层和物料完成热交换，经顶层排湿口排出完成热风爆蒲脱壳。热风爆蒲脱壳机主要由传动系统、输送网带系统、爆蒲（烘干）系统、热风及温控系统等组成。

图 16-10 为 WD120 型热风爆蒲机，有四层网带，网带运行速度可通过改变电机的工作频率调整。最底部为热风室，其他层为铺料层；空气经风机送入热风炉加热后进入热风室，完成热交换；采用变频器调节控制技术，实现温度精准控制，完成热风爆蒲脱壳工作。

图 16-10 WD120 型油茶果热风爆蒲机

16.2.2 技术参数与适用性

WD120 型热风爆蒲机的主要技术参数见表 16-5，可用于采后油茶鲜果的爆蒲脱壳，也可用于油茶籽烘干。

表 16-5　WD120 型热风爆蒲机技术参数

技术指标	性能参数
外形尺寸（mm）	23000×3000×2800
额定电压（V）	380
效率（t/ 小时）	≥ 1.0
总功率（kW）	60

16.2.3　使用与维护

16.2.3.1　设备的使用

（1）使用前应了解设备性能、操作规程、安全知识及维护保养知识，工作人员经考试合格后方可上岗。

（2）使用时应检查机电设备运转是否正常，有无振动，各部螺栓有无松动；检查电机电流是否在规定范围内。

16.2.3.2　设备的维护

（1）经常检查各运动部件的工作情况，发现问题应立即停机维修。

（2）及时观察网带链条有无脱落。

（3）检查电器有无损坏、失控现象。

（4）检查风机有无异常响声。

（5）检查减速机、轴承的润滑情况。

（6）检查出料口闭风器有无异常情况。

16.3　油茶籽干燥机

油茶籽干燥机是指通过控制油茶籽干燥时的温度和湿度，降低油茶籽水分的机械设备。新鲜油茶果经脱壳分选后的半成品即为含水率较高的油茶籽，需及时烘干处理，否则易防霉变，影响茶油的产量与品质。干燥作为油茶籽加工处理的第一道工序，对其加工储藏和油茶油品质有着至关重要的影响。常见的油茶籽干燥方式有自然晾晒和热力干燥。目前，使用较为广泛的干燥设备主要有烘房干燥、连续带式干燥机、塔式烘干设备、滚筒式干燥机、微波烘干设备、隧道式干燥机等。这些设备按加热方式可分为直接加热式和间接加热式；按油茶籽运动状态又分为固定式和流动式；常见的固定式有烘房干燥箱；常见的流动式有塔式循环式、流化床式、网带式等。

16.3.1　循环式干燥机

16.3.1.1　整机原理和结构

图 16-11 为典型的 5H-4 型批式循环干燥机，采用逆混流型间接加热循环式干燥，主要由干燥机本体（底架、下料流管、烘干段、粮仓、机顶、爬梯等）、除尘系统、电控系统和提升机等组成，工作效率为 4t/30 小时。

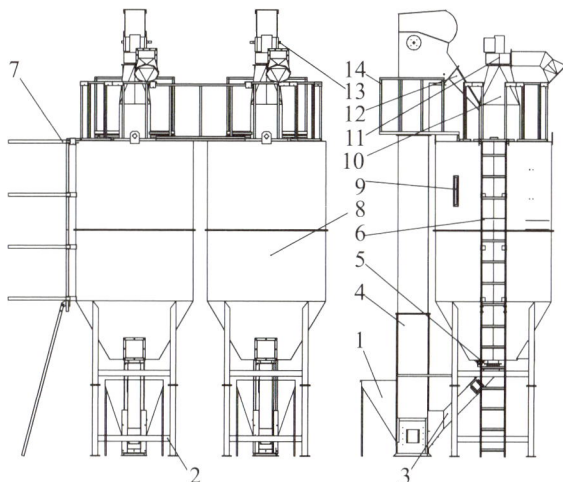

图 16-11　5H-4 型逆混流式干燥机结构示意

1. 进料斗；2. 底座支架；3. 下料流管；4. 提升机；5. 下料调节板；6. 爬梯；7. 爬梯护栏；8. 烘干机机体
9. 料位观察条；10. 除尘装置；11. 除尘风机；12. 进料流管；13. 排粮阀；14. 小平台

16.3.1.2　主要技术参数和适应性

5H-4 型干燥机技术参数见表 16-6。

表 16-6　5H-4 型油茶籽干燥机技术参数

项　目	单　位	规　格
型号		5H-4
结构形式		塔式、间接加热、批式循环
外形尺寸（长 × 宽 × 高）	mm	干燥机塔体：4500 × 2300 × 6600 热风炉：1800 × 1140 × 1720
机体重量（总重）	kg	2500
批处理量（容重 600kg/m³）	kg/ 批	4000
电机总功率	kW	干燥机塔体：5.2 热风炉：6.13

该机除能烘干油茶籽、稻谷、小麦、玉米等外，还可设定不同的热风温度烘干油茶籽等其他较大的颗粒料作物。

16.3.1.3 使用与维护

该机型属于批式循环式谷物干燥机，使用时需将物料一次性装入机器中，可根据物料干燥需求设定循环的速度、热风温度等。该机用于油茶籽干燥具有干燥效率高、劳动强度低的优点。该机器使用过程，除需要对轴承、减速进行常规的维护外，还需要定期对干燥室内的残留物进行清理。

16.3.2 网带式干燥机

16.3.2.1 整机原理和机构

网带式干燥机（图16-12）主要由湿籽进料口、热风进风口、干燥箱体、网带链轮、第一层网带、出风口、干籽出料口、进料口、第二层网带、第三层网带、减速机以及控制系统等零部件组成。

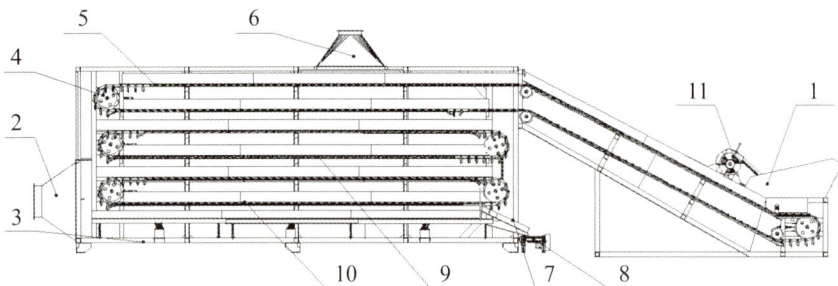

图 16-12　网带式干燥机结构示意

1. 湿籽进料口；2. 热风进风口；3. 干燥箱体；4. 网带链轮；5. 第一层网带；6. 出风口；
7. 干籽出料口；8. 进料口；9. 第二层网带；10. 第三层网带；11. 网带减速机

16.3.2.2 主要技术参数与适应性

该多层网带式连续干燥机具有干燥效率高、使用方便等优点，主要应用于大批量的颗粒状、片状和丁状物料等农产品的干燥。但在实际生产应用中，由于购机成本高、干燥能耗高，仅适合于大型工厂化作业用户使用。技术参数见表16-7。

表 16-7　网带式油茶籽干燥机技术参数

型号规格	单元数	带宽（m）	干燥长度（m）	干燥强度（kg H_2O/小时）
HGDW-1.2X8	4	1.2	24	180~480

16.3.2.3 使用与维护

网带烘干机将所要处理的湿物料倒入进料口通过铺料机构，把物料均匀分布在网带上，网带通过几个加热单元组成的通道，热空气从下往上通过网带上的物料，通过排湿系统，把物料的水分排出，从而使得物料均匀干燥。该机器使用过程，除需要对轴承、减速机进行常规的维护外，还需要定期清理网带，避免灰尘、絮状物及物料遗存在设备里，避免影响热空气对流导致干燥效率低下。

16.3.3 烘房干燥箱

16.3.3.1 整机原理和机构

烘干箱的结构如图 16-13 所示，由保温材料制作的烘箱箱体、热风炉、循环风机、均风孔板、物料小车、双开门、门端均风装置、中间隔板、排湿口或排气口等组成。该机采用过道循环式结构，加长了风道，其优点是结构简单、可烘干的物料品种多；缺点是烘干劳动强度大，烘干量较少。部分厂家将烘箱改为一层，油茶籽堆高 0.5~1.0m，劳动强度相对减少，但由于物料层太厚，易使油茶籽烘干不均匀。

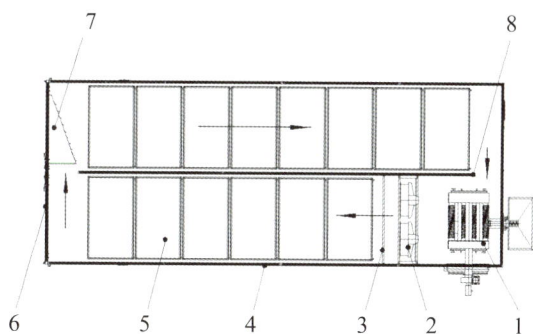

图 16-13 烘干箱结构示意

1.热风炉；2.循环风机；3.均风孔板；4.箱体；5.物料小车；6.双开门；7.门端均风装置；
8.中间隔板（图中箭头所指为热风循环流动方向）

16.3.3.2 主要技术参数与适应性

该烘干箱主要烘干油茶籽等粒状、块状和片状的农产品，操作简单方便，烘干品质较高，设备投资较少，适合小批量的农产品烘干作业。技术参数见表 16-8。

表 16-8 油茶籽烘干箱技术参数

型号	设备尺寸			生产能力（t/批）	干燥能力（kg H_2O/小时）	热风炉功率（万大卡/小时）	总功率（kW）	蒸发1kg水/燃料 KJ/kg（H_2O）
	长（mm）	宽（mm）	高（mm）					
5HGS-50	8950	3550	2350	1.2~1.6		20		< 6100
	内净长	净宽	净高	水果/蔬菜	> 20~25	生物质颗粒	5.426	0.3kg 燃料/1kg 水
	8400/6800	3400	2300					

16.3.3.3 使用与维护

将需烘干的物料均匀铺装在物料小车的网盘上，再将物料小车推入烘干箱，准备烘干作业；按不同的烘干物料设定专门的烘烤曲线，开启设备，自动开始烘干作业，直到烘干完成。该机器使用过程，除需要对轴承、减速机进行常规的维护外，还需定期检查干湿球温度计，及时补充水；定期检车和清理换热管内的积灰，避免影响热空气对流导致干燥效率低下。

16.4 油茶果脱壳干燥成套设备

油茶果脱壳干燥成套设备是油茶果采摘后初加工的集成处理设备，可完成从油茶果至油茶籽的成套加工。近年来，此类设备在湖南、广东、广西等地受到了广大种植基地及油茶加工厂商的青睐。茶果脱壳干燥成套设备的推广应用，可有效解决油茶行业广大种植户及油茶加工企业的油茶果处理难题，助力油茶产业的发展。

16.4.1 整机原理和机构

油茶果脱壳干燥成套设备以油茶鲜果为加工原料，实现油茶鲜果到干籽的产地商品化处理的集成处理设备。成套设备的主要工艺流程包括揉搓剥壳、壳籽分离、分区变温干燥等环节，集成了上料装备、剥壳装备、清选装备、干燥装备、包装装备、控制系统等设备，其中剥壳装备采用机械揉搓剥壳的方式，油茶果经堆沤处理后，采用滚筒分级设备将油茶果按果径大小分成六个等级，果径分别为小于 22mm、22~24mm、24~26mm、26~29mm、29~34mm 和大于 34mm，分级后油茶果按大小分布，由运输胶带输送至揉搓剥壳机（图 16–14 左图）。油茶果被揉搓5~6 圈时（图 16–14 右图），油茶果壳裂开，壳呈瓣状（类似于槟榔壳），籽壳混合物进入复合壳籽分离机分选。分离好的油茶籽通过单层或多层网带式连续干燥设

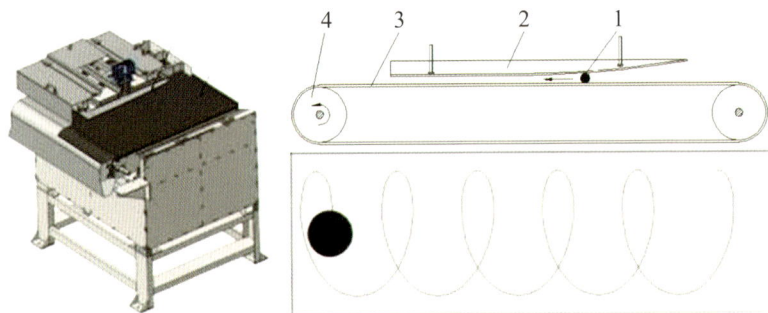

图 16-14 油茶果机械揉搓剥壳设备
1.油茶果；2.柔性揉搓板；3.输送带；4.驱动辊

备，采用分区变温干燥技术，将网带干燥设备分为升温区、恒温区和降温区，干燥温度区间为50~70℃，确保油茶籽品质的同时达到节能降耗和提高干燥效率的目的。

图16-15为6BC-1500C型油茶果脱壳干燥成套设备的应用现场。该设备集成了上料装备、剥壳装备、清选装备、干燥装备、包装装备和控制系统，整条生产线总长90m、宽6m，占地面积约500m²；总装机容量为160 kW（不含烘干热源装机功率），油茶果处理量≥1500kg/小时，脱壳率≥98%，损失率≤1%，茶籽含杂率≤2%，茶籽含水率≤12%。

图 16-15　油茶果脱壳干燥成套设备

16.4.2　主要技术参数与适应性

6BC-1500C和6BC-3000C型油茶果脱壳干燥成套设备技术参数见表16-9，可用于油茶鲜果到干油茶籽的产地商品化处理。技术参数见表16-9。

表 16-9　油茶果脱壳分选机技术参数表

技术指标及参数	设备型号 6BC-1500C	6BC-3000C
喂入量（kg/小时）	≥1500	≥3000
脱壳率	≥98%	≥98%
油茶籽含水率	≤12%	≤12%
油茶籽含杂率	≤2%	≤2%
总功率（kW）（不含烘干热源）	160	190
电源形式	380V/3 相 /50Hz	380V/3 相 /50Hz
外形尺寸（mm）	80000×6000×3500	90000×6000×3500

16.4.3 使用与维护

16.4.3.1 设备的使用

（1）使用前认真阅读使用说明书及操作规程，并充分理解后方可上岗操机及维护设备。

（2）成套设备所有设备启动并正常运行后，方可上料。

（3）成套设备所有设备内所有物料清空后，方可正常停机。

（4）设备启动按照自后向前顺序，设备停机按照自前向后顺序。

（5）上料过程中确保原料油茶果中无石头及木块等杂物和异物。

（6）设备使用过程中应定期检查各设备运转是否正常，各部螺栓有无松动。

（7）设备技术参数在厂家售后人员的指导下进行调试。

16.4.3.2 设备维护

（1）设备维护及保养须严格按照设备说明书规定进行。

（2）定期检查干燥设备热风循环系统及排湿系统各过滤网，及时清理。

（3）定期检查干燥设备网带运行情况，检查网带是否有跑偏现象并及时检修。

（4）定期检查干燥设备各温湿度控制系统中温度及湿度传感器的灵敏度及完好性。

（5）严格按照设备操作说明书对设备润滑点按期加注润滑油（脂）。

（6）每年度设备加工作业周期完成后，应将设备内外进行清理及保养。

（7）每年度设备加工作业开始前，应对各设备电机运转情况检查，若有异常，应及时检修。

（撰稿人：汤晶宇、范志远，国家林业和草原局哈尔滨林业机械研究所；

李铁辉、欧阳通、陈辉华，湖南省农友盛泰农业科技有限公司；

康地，湖南省林业科学院；

吴发展，株洲丰科林业装备科技股份有限公司）

第 17 章
油脂压榨机械

传统的古木榨油可追溯到 1600 年前，木制榨油机就是采用一根大直径的硬质木材，把中间掏空然后制作成圆形或方形空腔，再配合空腔制作成圆形或方形油箍，用稻草或棕榈叶制成油箍饼，装入空腔内依次排开，用石锤或可摆动的木桩撞击木楔，木楔一点点被打入空腔内，油饼逐渐被挤压，油脂开始被压榨出来，流进下油槽和过滤槽进行沉淀。

现代油脂压榨机械所采用的压榨力不再由人工撞击产生冲击力，取而代之的是电力、水力等新型动力。工作原理也由单纯的加压榨取变成加温、加压复合榨取方式；作业方式也由单纯的间歇榨油向间歇式、连续式转变。国内大宗油料榨油机可分为水压机榨油机、螺旋式榨油机、液压式榨油机等。不同的压榨方式适用于不同的油料作物，本章只介绍国内油茶产业常用的几种压榨机械。

国内茶油压榨机械根据喂料方式可分为连续式、间歇式两种。连续式榨油设备主要是螺旋榨油机，按结构形式分为单螺旋压榨机和双螺旋压榨机，具有结构简单、投资较小的特点，适合大中型油厂使用。间歇式榨油设备主要是液压榨油机，按结构形式分为立式与卧式两种，适合于小型榨油厂或家庭作坊使用。

17.1 单螺旋压榨机

17.1.1 整机原理及结构

单螺旋压榨机是一种利用螺旋轴在榨笼内旋转推进料坯时，将油脂从料胚内挤出来，边挤压成饼、边挤出油脂的连续式榨油设备。常见的单螺旋压榨机主要由喂料装置、齿轮箱、电动机榨膛、机架、螺旋总成等组成，如图 17-1 所示。

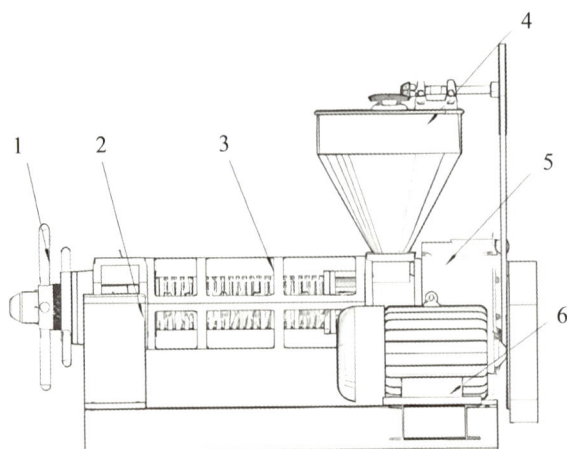

图 17-1 茶油单螺旋压榨机

1.螺旋总成；2.机架；3.榨膛；4.喂料装置；5.齿轮箱；6.电动机

17.1.2 技术参数与适应性

单螺旋压榨机对原料要求宽松，脱蒲后的油茶籽可剥内壳，也可以不剥壳。单台处理茶籽量一般为 1~5t/天，适用于小型茶油加工企业连续压榨作业用。

常见的单螺旋压榨机的主要技术参数见表 17-1。

表 17-1 单螺旋压榨机主要参数

型　　号	茶籽加工量（t/天）	出油率（%）	干饼残油（%）
70 型	≥ 1.3		
100 型	≥ 1.75	20~30	≤ 7
120 型	≥ 2.8		
130 型	3.5~4.5		

17.1.3 使用与维护

单螺旋压榨机生产可连续化、单机处理量大，能适应多种油料；采用动态压榨挤压和摩擦发热，压榨时间短，出油率较高，饼薄易粉碎，操作强度低；缺点是能耗较大、易耗件多、机械故障维护要求高。此外，为保证较高的出油率，需要充分蒸炒后入榨，压榨饼在榨膛中温度较高，对油中的热敏成分会产生一定的影响。

17.2 双螺旋压榨机

17.2.1 整机原理及结构

双螺旋榨油机是一种在同一榨笼内配置两个相向运转榨螺的螺旋榨油机，利用榨笼中两个相向螺旋轴产生的挤压力配合榨笼作用，将料胚中的油脂挤压出来。从料胚进入榨油机至出饼，整个榨油过程是连续不断进行的。其中，两条螺杆剪切输料，两条螺旋轴于榨膛内特殊咬合，不易滑膛，适应性强，解决了茶籽高含油、低纤维难压榨的难题。操作中必须掌握控制温度、水分、榨机负荷的合理配置，才能保证正常生产。典型双螺旋榨油机的主要结构如图 17-2 所示。

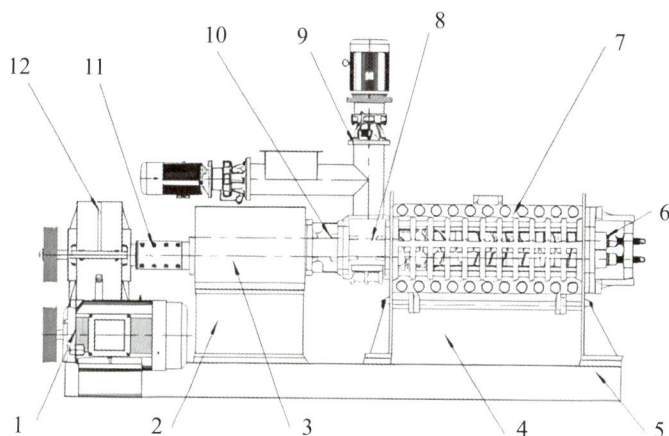

图 17-2　茶油双螺旋压榨机

1.主电机；2.油箱；3.传动箱；4.滤渣装置；5.机架；6.出饼机构；7.榨笼组件；
8.进料器；9.喂料系统；10.连接箱体；11.联轴器；12.圆柱齿轮减速器

17.2.2　技术参数与适应性

双螺旋压榨机适用于处理含水率为 5%~7%、温度为 125℃左右的茶籽或含水率为 6%~9% 的常温茶籽，单台处理茶籽量一般为 5~20t/天，最大可达 100t/天，适用于中大型茶油加工企业连续压榨作业用。

常见双螺旋压榨机的主要技术参数见表 17-2。

表 17-2　双螺旋压榨机主要参数

型　号	茶籽加工量（t/天）	出油率（%）	干饼残油（%）
12 型	≥5		
16 型	≥10	20~30	≤7
20 型	≥20		

17.2.3　使用与维护

双螺旋榨油机具有加工效率高、出油率高等优点，但缺点是对入榨油料的水分和温度非常敏感，在水分和温度不稳定时，容易"卡机"，因而适合生产工序规范、对油茶籽水分和温度控制稳定的大型茶油加工厂连续作业。湖南中彬茶油科技有限公司制造的双螺旋榨油机在大型茶籽油生产线上得以应用，原因是在传统双螺旋榨油机的基础上增加了预热和冷却结构，减少了榨油机的故障率。

17.3 液压榨油机

17.3.1 整机原理及结构

液压榨油机按给坯饼施加压力的方式可分为立式和卧式。

17.3.1.1 立式液压榨油机

立式液压榨油机是由液压系统和榨油机本体两大部分组成的一个封闭回路系统，以液压油作为压力传递介质，对油料进行挤压进而将油脂榨出。该机主要由框架、油缸、液压站、手动换向阀、油料桶、托盘和电器控制部分组成，如图 17-3 所示。

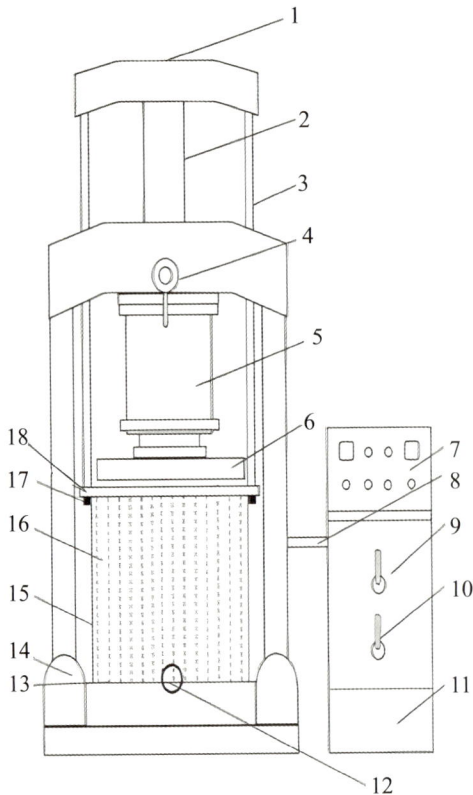

图 17-3　立式液压榨油机

1.横向连接；2.小双向油缸；3.出饼提桶掉杆；4.压力表；5.大双向油缸；6.压油盘；7.自动控制器；8.油管连接处；9.大双向油缸换向阀；10.小双向油缸换向阀；11.油箱；12.出油口；13.接油盘；14.滑道；15.挡油罩；16.料筒；17.提圈螺母；18.料筒连接口

框架底座上固定有 1 个油缸，缸中装有圆柱状活塞，活塞上部与承饼盘连成一整体，料坯经预压成圆饼，外套饼圈，以 20~40 个圆饼叠装在承饼盘与顶板之间，饼与饼之间采用带孔的薄垫板分隔，驱动活塞上顶，产生压力，压榨料饼出油。榨毕后油泵停止加压，活塞下落，将渣饼卸出，重新装上料饼，以此反复间歇榨油，每榨一次需 2~5 小时。

17.3.1.2　卧式液压榨油机

卧式液压榨油机（图 17-4）的工作流程与结构特点与立式液压榨油机基本相同，仅安装形式有所区别。该设备安装方便，流油顺畅，油饼圈上不积油，出油率高，但料饼装卸的劳动强度较大。

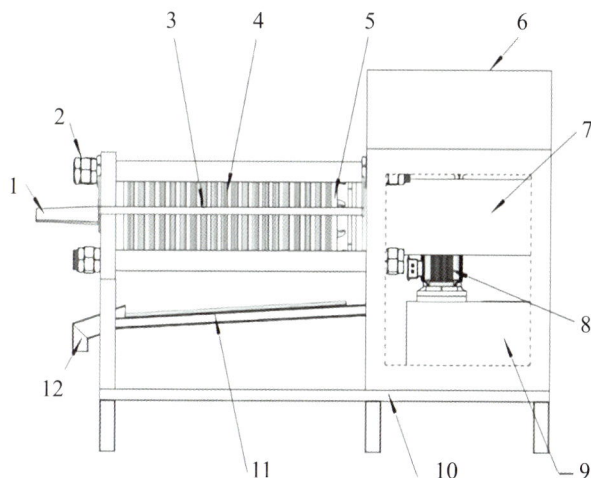

图 17-4　卧式液压榨油机

1. 回油罩组件；2. 锁杆装置；3. 活动杆调节支杆；4. 榨圈；5. 制饼盘；6. 控制柜（背面）；7. 液压油缸；8. 电动机；9. 液压站；10. 机架；11. 接油盘；12. 出油嘴

17.3.2　技术参数与适应性

液压榨油机是用液压油通过油泵加压传递压力，使油料在高压高温状态下出油的榨油机械，在茶油行业应用的液压榨油机，单机处理能力一般在 1t/天以下，产量小、自动化程度低，一般适用于家庭作坊使用。

常见的液压榨油机的主要技术参数见表 17-3。

表 17-3　液压榨油机主要参数

型　号	茶籽加工量（t/天）	出油率（%）	干饼残油（%）
250 型（卧式）	≥ 0.8	20~30	≤ 7
280 型（立式）	≥ 1.0		

17.3.3 使用与维护

液压榨油机造价低、故障率低、操作简单灵活，可用于油茶压榨；缺点是自动化程度低，产量小，适合个体加工用。使用中应注意检查油缸是否漏油，发现漏油应及时更换密封圈并补充液压油。

（撰稿人：傅万四，国家林业和草原局北京林业机械研究所；
杨建华、郭浩盟，中国林业科学研究院木材工业研究所；
李宁、刘华，湖南中彬油茶科技有限公司）

第六编

油茶栽培品种

第 18 章　主要栽培品种

油茶栽培品种是指来源相同、性状一致、无性繁殖遗传特性稳定、具较高栽培利用价值、经过规范育种程序培育并经国家级或省级林木品种审定委员会审定（或认定）的油茶栽培类群，是油茶产业高质量发展最重要的物质基础。经过审定或认定的油茶品种被视为油茶良种，可在油茶产区产业发展中推广应用。无论是国家级还是省级认定的油茶栽培品种，作为良种使用都被限定在一定的年限内（一般 3~5 年），在认定年限到期前必须进行品种审定，否则将终止该品种作为良种在生产中的推广应用。此外，虽然已申请"新品种保护"但未经审（认）定的油茶品种不能作为良种在生产中使用。经过国家级或省级审定油茶栽培品种的名称是恒定的，但作为油茶产业发展中的良种使用则是动态的；国家林草部门和省级林草部门可以对已经审定的油茶栽培品种，根据其在生产中的表现进行逐步优化和适当淘汰，实现"少而精"的油茶良种规范使用。油茶良种生产基地需及时调整良种采穗圃的建设和良种苗木的培育；相关种植企业、大户和林农也要适时调整选择使用油茶良种，不断提高油茶的单位面积产量，提升产业经济效益。

本编将系统介绍我国油茶主要栽培品种的由来、特性和栽培技术要点。

（撰稿人：谭晓风，中南林业科技大学；

钟秋平，中国林业科学研究院亚热带林业实验中心）

第18章
主要栽培品种

20世纪80年代以前，我国油茶的栽培品种都是农家品种，且都是采用实生（种子）繁殖。20世纪70年代，湖南、江西、广西等省份开展了大规模的油茶优树选择，到2005年以后，才选育并审定了一大批油茶栽培品种。至今为止，通过国家和省级审（认）定的油茶品种超过438个。为优化油茶栽培品种，2017年国家林业局发布了《全国油茶主推品种目录》，120个油茶栽培品种列入其中。2022年，国家林业和草原局进行了第二次油茶栽培品种的优化，发布了《全国油茶主推品种和推荐品种目录》，16个品种被列入全国油茶主栽品种，65个品种被列入区域性推荐品种。本章将重点介绍16个全国主推油茶品种的品种特性、配置模式、经济性状、栽培技术要点和适宜种植范围等；分区域列表简单介绍65个区域性推荐油茶品种的栽植区域和配置品种等信息。各油茶产区在发展油茶产业中应以推广16个全国主推油茶品种为主，65个区域推荐品种为辅。

18.1 全国油茶主推品种

全国油茶主推品种是指2022年国家林业和草原局发布的16个油茶主推品种，包括长林系列、华字系列、湘林系列、岑软系列和义字系列、赣无系列和赣州油系列等16个油茶栽培品种。

18.1.1 长林系列主推品种

长林系列油茶主推品种是指由中国林业科学研究院亚热带林业研究所和亚热带林业实验中心选育的'长林53号''长林40号'和'长林4号'等3个油茶栽培品种。

01 '长林 53 号'

学　名 *Camellia oleifera* 'Changlin 53'

良种编号 国 S-SC-CO-012-2008

品种特性　适应性较广，抗性强。长势较弱，树体矮壮，株型疏散分层。枝粗，枝条硬。叶子浓密，椭圆形。果个大，梨形，黄绿色。花期：始花期 11 月初，花期长，20 天。主要鉴别特征：苗木弯曲偏冠，侧枝较少；树形有偏冠现象，矮壮，粗枝大叶，叶色深，果有葫芦柄。每斤穗条可嫁接 300 株苗木，嫁接成活率约为 50%（图 18-1）。

配置模式　'长林 53 号''长林 4 号''长林 40 号'分别占 40%、30%、30%。

经济性状　6 年生单株产果量 5kg 以上，每公顷产油可以超过 375kg，盛产期每公顷产油能达到 1000kg；干籽出仁率 59.2%，干仁含油率 45%；油酸含量 86.23%，亚油酸含量 3.18%。

栽培技术要点　根据造林地肥沃程度、平缓程度、经营管理水平等选择种植密度。早期适当密植，盛产期后适时调整密度，按上述配置模式行状或小面积混栽；以打顶和回缩徒长枝为主，促进侧枝生长和防止偏冠。

适宜种植范围　浙江，江西，湖北，安徽，湖南，福建东部、北部和西部，贵州东部和南部，重庆东南部和中部，广西北部，四川南部，河南南部，陕西油茶适生栽培区。

（a）树形　　　　　　　　（b）结果枝

（c）花　　　　　　　　（d）果实

图 18-1　'长林 53 号'

02 '长林40号'

学　名 *Camellia oleifera* 'Changlin 40'

良种编号 国 S-SC-CO-011-2008

品种特性 适应性较广，抗性强。长势旺，树体高大，株型圆柱型。枝条平伸。叶矩卵形。果个中偏小，果近梨形，青带红。花期：始花期10月下旬，花期长，20天。主要鉴别特征：树形直立，后期长势旺，果有条纹，树体直立。每斤穗条可嫁接460株苗木，嫁接成活率约为70%（图18-2）。

配置模式 '长林40号''长林53号''长林4号'分别占40%、30%、30%。

经济性状 6年生单株产果量8kg以上，每公顷产油可以超过600kg，盛产期每公顷产油能达到988.5kg；干籽出仁率63.1%，干仁含油率50.3%；油酸含量82.12%，亚油酸含量7.34%。

栽培技术要点 可适当稀植，按上述配置模式行状或小面积混栽。以打顶和回缩徒长枝为主。

适宜种植范围 浙江，江西，湖北，安徽，湖南，福建东部、北部和西部，贵州东部和南部，重庆东南部和中部，广西北部，四川南部，河南南部，陕西油茶适生栽培区。

（a）树形　　　　　　　　　　（b）结果枝

（c）花　　　　　　　　　　（d）果实

图18-2 '长林40号'

03 '长林4号'

| 学　名 | *Camellia oleifera* 'Changlin 4' |
| 良种编号 | 国 S–SC–CO–006–2008 |

品种特性　适应性较广，抗性强。树势旺盛，树冠球形开张，结实大小年不明显，丰产稳产。果个大，桃形，青偏红。叶子浓密，宽卵形。花期：始花期 11 月初，花期长，20 多天。主要鉴别特征：树形球形，枝叶浓密，叶色深，果桃形，向阳面红色，背阳面青色。每斤穗条可嫁接 450 株苗木，嫁接成活率约为 90%（图 18-3）。

配置模式　'长林4号''长林53号''长林40号'分别占 40%、30%、30%。

经济性状　6 年生单株产果量 5~6kg 以上，每公顷产油可以超过 525kg，盛产期每公顷产油能达到 900kg；干籽出仁率 54%，干仁含油率 46%；油酸含量 83.09%，亚油酸含量 7.07%。

栽培技术要点　可稀植，按上述配置模式行状或小面积混栽；以疏伐 3 年生老枝为主，留下足够空间让春梢接触阳光。

适宜种植范围　浙江，江西，湖北，安徽，湖南，福建东部、北部和西部，贵州东部和南部，重庆东南部和中部，广西北部，四川南部，河南南部，陕西油茶适生栽培区。

（a）树形

（b）结果枝

（c）花

（d）果实

图 18-3　'长林4号'

18.1.2　三华系列主推品种

　　三华系列油茶主推品种是指由中南林业科技大学选育的'华鑫''华金'和'华硕'等 3 个油茶栽培品种。

04 '华鑫'

学　　名　*Camellia oleifera* 'Huaxin'

良种编号　国 S-SV-CO-019-2021，国 S-SV-CO-009-2009

品种特性　树冠自然圆头形，树高约 2.7m，树冠直径约 2.7m。树姿半开张，主枝角度约 45°；小枝细长，幼树斜生，成龄树平展或下垂。叶片卵圆形，叶长均值 55.7mm，叶宽均值 33.8mm，叶厚均值 0.39mm，侧脉 5~7 对，中绿色。花白色，花瓣倒卵形，5~9 瓣，先端凹缺；雄蕊均值 151 枚，花药白色；雌蕊柱头 4~5 裂。果实大，横径均值 47.5mm，纵径 39.8mm；扁球形，果顶多有"人"字形凹槽。果皮红色，有光泽。果熟期 10 月下旬，果熟时自然开裂、落果。每斤穗条可嫁接 400~450 株苗木，嫁接成活率为 80%~90%（图 18-4）。

配置模式　①'华鑫'：'华金'=1：1；②'华鑫'：'华硕'=1：1；③'华鑫'：'湘林 210'=1：1；④'华金'：'华鑫'：'华硕'=1：1：1。

经济性状　平均单果重 51.6g，果皮厚度 3.68mm，子房室数多为 3~5，单果籽粒数平均为 8 粒，种子百粒重 258.37g，鲜果出籽率 51.72%，干出籽率 49.45%，干籽出仁率 59.36%，干仁含油率 47.29%，鲜果含油率 7.18%。茶油中含棕榈酸 7.63%，硬脂酸 0.12%，油酸 84.57%，亚油酸 6.83%，亚麻酸 0.86%。盛果期产油量可达 1050kg/hm^2。

栽培技术要点　营养生长特别旺盛，需进行适当整形修剪，幼龄期可适当疏果，果实成熟期相对较早，裂果，可在霜降前几天采收。

适宜种植范围　浙江，江西，湖北，安徽，湖南，福建东部、北部和西部，贵州东部和南部，重庆东南部和中部，广西北部，四川南部，河南南部，陕西油茶适生栽培区。

| （a）树形 | （b）结果枝 | （c）花 | （d）果实 |

图 18-4　'华鑫'

05 '华金'

学　名　*Camellia oleifera* 'Huajin'

良种编号　国 S-SV-CO-017-2021，国 S-SV-CO-010-2009

品种特性　树冠近圆柱形，树高约 3.0m，树冠直径约 2.5m。树姿紧凑，主枝角度小于 30°，小枝密集；嫩枝粗壮，秋梢嫩叶酒红色。叶片椭圆形，叶长均值 63.0mm，叶宽均值 30.7mm，叶厚均值 0.47mm，侧脉 5~7 对，深绿色，肉质感强。花白色，花瓣倒卵形，5~8 瓣，先端凹缺；雄蕊均值 174 枚，花药白色；雌蕊柱头 4~5 裂。果实大，横径均值 44.1mm，纵径 47.9mm；梨形，果顶多有"人"字形凹槽，果皮为绿色，有光泽。果熟期 11 月上旬，果熟时自然开裂、落果。每斤穗条可嫁接 350~400 株苗木，嫁接成活率为 80%~90%（图 18-5）。

配置模式　2 个品种配置模式：①'华金'：'华鑫'=1：1；②'华金'：'长林 53'=1：1；③'华金'：华鑫'：'华硕'=1：1：1。

经济性状　大果类型，平均单果重 48.8g，果皮厚度 4.79mm，子房室数多为 3 或 4，单果籽粒数平均为 5.2 粒，种子百粒重 301.40g，鲜果出籽率 38.67%，干出籽率 63.25%，干籽出仁率 62.04%，干仁含油率 50.30%，干籽出油率 31.21，鲜果含油率 7.63%。茶油中含棕榈酸 7.63%，硬脂酸 0.12%，油酸 84.57%，亚油酸 6.83%，亚麻酸 0.86%。盛果期产油量可达 1050kg/hm^2。

栽培技术要点　自然成形，需及时去顶，不需进行大的修剪。幼龄期可适当疏果，促进营养生长和树体形成。标准的霜降类型，裂果，可在霜降前后采收。

适宜种植范围　湖南省、江西省、湖北省、贵州省、重庆市全境，四川省南部和东北部、广西壮族自治区北部、广东省北部、河南省南部等油茶适生栽培区。

（a）树形　　　（b）结果枝　　　（c）花　　　（d）果实

图 18-5　'华金'

06 '华硕'

学 名 *Camellia oleifera* 'Huashuo'

良种编号 国 S-SV-CO-018-2021，国 S-SV-CO-011-2009

品种特性 树冠圆头形，树高约 2.4m，树冠直径约 2.6m。树姿开张，主枝平展较稀疏，重叠枝少；嫩枝粗壮无毛，黄绿色。叶片椭圆形或近圆形，叶长均值 56.8mm，叶宽均值 30.9mm，叶厚均值 0.4mm，侧脉 5~6 对，深绿，质感厚实。花白色，花瓣倒卵形，5~8 瓣，先端凹缺；雄蕊均值 123 枚，花药白色；雌蕊柱头 4~5 裂。果实硕大，横径均值 53.5mm，纵径 43.0mm；橘形，果皮青色，果面粗糙，多褐色麻斑，果顶具 5 条凹槽线。果熟期 11 月上旬。每斤穗条可嫁接 350~400 株苗木，嫁接成活率为 80%~90%（图 18-6）。

配置模式 2 个品种配置模式：① '华硕'∶'华鑫'=1∶1；② '华硕'∶'湘林 210'=1∶1；③ '华硕'∶'衡东大桃 2 号'=3∶1；④ '华金'∶'华鑫'∶'华硕'=1∶1∶1。

经济性状 超大果，平均单果重 70.78g，最大单果重达 156g；鲜果出籽率 43.49%，出仁率 56.34%，仁油率 49.37%；茶油中含棕榈酸 7.63%，硬脂酸 0.12%，油酸 84.57%，亚油酸 6.83%，亚麻酸 0.86%。盛果期产油量可达 1050kg/hm^2。

栽培技术要点 树体自然成形，不需进行大的整形修剪。幼龄需及时疏果，保障营养生长。成熟较晚，适当推迟采收。

适宜种植范围 湖南省、江西省、湖北省、贵州省、重庆市全境，四川省南部和东北部、广西壮族自治区北部、广东省北部、河南省南部等油茶适生栽培区。

（a）树形　　　　（b）结果枝

（c）花　　　　（d）果实

图 18-6 '华硕'

18.1.3 湘林系列主推品种

湘林系列主推品种是指由湖南省林业科学院选育的'湘林 XLC15'（也称为'湘林 210'）、'湘林 1'和'湘林 27 号'等 3 个油茶栽培品种。

07 '湘林 XLC15'

学　名　*Camellia oleifera* 'Xianglin 210'

良种编号　国 S–SC–CO–015–2006

品种特性　树体生长旺盛，树冠圆头形。叶片偏黄色、小披针形、基角尖、直立。嫩枝硬，直立，红或绿色。花期 10 月下旬至 12 月上旬，果实成熟期 10 月下旬。主要鉴别特征：树冠茂盛，新梢多密，叶细直立，基角尖；嫩枝硬，直立，红或绿色；果大，球形或橘形（图 18-7）。

配置模式　'湘林 97''湘林 1''湘林 78''湘林 67''湘林 40''衡东大桃 39 号''德字 1 号''华金''华鑫''长林 53'等。

经济性状　6 年生单株产果量 5kg 以上，盛产期每公顷产油 770kg；果大，球形或橘形；每 500g 果数 15~20 个，鲜出籽率 44.8%，干籽含油率 36.0%，鲜果含油率 7.8%；油质好，油酸、亚油酸含量达 90.18%。

栽培技术要点　株行距 3×3m 或 3×4m，每亩 50~75 株；按上述配置模式行状或小面积混栽；新造幼林前 3 年注意补植培蔸，秸秆覆盖抗旱，定干培养树形，摘除花苞。该品种趋肥性强，丰产年需增施富含磷、钾类有机肥。

适宜种植范围　湖南，江西，湖北，福建北部，广东和广西北部，贵州东部和南部，重庆东南部，四川南部，安徽西部，陕西南部，河南南部等油茶适生栽培区。

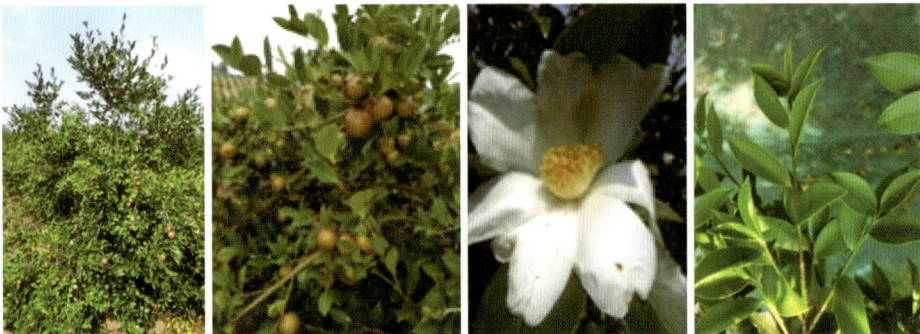

（a）树形　　　（b）结果枝　　　（c）花　　　（d）新梢

图 18-7　'湘林 XLC15'

08 '湘林1'

学　名 *Camellia oleifera* 'Xianglin 1'

良种编号 国 S–SC–CO–013–2006

品种特性 树体生长旺盛，树冠紧凑。枝叶茂盛，叶片浓绿，叶柄稍长，嫩枝直立，绿色。果实中大，橄榄形，青黄红色，表皮有锈纹。始花期11月上旬，花期约30天，果熟期10月底。主要鉴别特征：树冠紧凑，枝叶茂盛，叶片浓绿、有光泽；嫩枝直立或弯曲，翠绿色；幼果紫红色，果大橄榄形（图18-8）。

配置模式 '湘林27号''湘林210''湘林63''湘林78''湘林97''华硕'等。

经济性状 6年生单株产果5kg以上，每公顷盛产果750kg；鲜出籽率46.8%，干籽出仁率52.07%，干仁含油率38.47%，鲜果含油率8.869%；油质好，油酸、亚油酸含量达88.81%。

栽培技术要点 株行距3×3m或3×4m，每亩50~75株；按上述配置模式行状或小面积混栽；新造幼林前3年注意补植培蔸，秸秆覆盖抗旱，定干培养树形，摘除花苞。

适宜种植范围 湖南，江西，湖北，福建北部，广东和广西北部，贵州东部，重庆东南部，四川南部，河南南部等油茶适生栽培区。

（a）树形

（b）结果枝

（c）花

（d）新梢幼果

图 18-8 '湘林1'

09 '湘林 27 号'

学　名 *Camellia oleifera* 'Xianglin 27'

良种编号 国 S-SC-CO-013-2009

品种特性 树体高大，树冠自然圆头形，生长旺盛。枝叶浓密，枝梢下垂，嫩枝软曲、紫红色。叶片长，锯齿疏锐，基角尖。花期 11 月上旬至 12 月下旬，果实成熟期 10 月下旬。果青红色卵形，有浅棱。主要鉴别特征：枝叶浓密，枝梢下垂，嫩枝软曲、紫红色；叶片锯齿疏锐；果皮薄（图 18-9）。

配置模式 '湘林 1''湘林 210''湘林 63''湘林 78''华硕'等。

经济性状 6 年生单株产果 5kg 以上，每公顷盛产果 996kg；每 500g 果数 16~30 个，皮薄，鲜果出籽率 50.0%，干出仁率 54.7%，干籽含油率 37%，鲜果含油率 10.7%。

栽培技术要点 株行距 3×3m 或 3×4m，每亩 50~75 株；按上述配置模式行状或小面积混栽；新造幼林前 3 年注意补植培蔸，秸秆覆盖抗旱，定干培养树形，摘除花苞。

适宜种植范围 湖南，江西，湖北，福建北部，广东和广西北部，贵州东部，重庆东南部，四川南部等油茶适生栽培区。

（a）树形

（b）结果枝

（c）花

（d）新梢

图 18-9　'湘林 27 号'

18.1.4 岑软和义字系列主推品种

岑软系列和义字系列主推品种是指由广西壮族自治区林业科学研究院选育的'岑软3号''岑软3号''义禄'和'义臣'等4个油茶栽培品种。

10 '岑软3号'

学 名 *Camellia oleifera* 'Cenruan 3'

良种编号 国 S-SC-CO-002-2008

品种特性 适应性广，抗性强。长势强，树体高大，株型较紧凑，冲天型，粗枝，枝条硬。叶子浓密，倒卵形。花期：始花期11月中旬，花期长，40天。果个大，球形，青红色。主要鉴别特征：株型较紧凑；叶倒卵形，叶色深；幼果红色，成熟果青红色（图18-10）。

配置模式 '岑软2号'。

经济性状 6年生单株产果量7.5kg以上，每公顷产油可以超过500kg，盛产期每公顷产油能达到900kg；干籽出仁率64.1%，干仁含油率53.60%；油酸含量81.5%，亚油酸含量4.09%。

栽培技术要点 早期适当密植，盛产期后适时调整密度，按上述配置模式行状或小面积混栽；以打顶和回缩徒长枝为主，促进侧枝生长。

适宜种植范围 广西中部、南部、北部，广东东部、西部、北部，湖南南部，江西南部，贵州东南部油茶适生栽培区。

（a）树形　　（b）结果枝　　（c）花　　（d）果实

图18-10 '岑软3号'

11 '岑软2号'

学　名 *Camellia oleifera* 'Cenruan 2'

良种编号 国 S-SC-CO-001-2008

品种特性 适应性较广,抗性强。长势强,树体高大,株型开张、圆头型。细枝,枝条柔软。叶子浓密,披针形。花期:始花期11月下旬,花期长,40天。果个大,幼果倒杯形,成熟果球形,青色。主要鉴别特征:枝条柔软下垂;叶披针形,叶色深;幼果倒杯形(图18-11)。

配置模式 '岑软3号'。

经济性状 6年生单株产果量7.5kg以上,每公顷产油可以超过500kg,盛产期每公顷产油能达到900kg;干籽出仁率62.0%,干仁含油率51.37%;油酸含量82.40%,亚油酸含量5.62%。

栽培技术要点 早期适当密植,盛产期后适时调整密度,按上述配置模式行状或小面积混栽;以打顶和回缩徒长枝为主,促进侧枝生长。

适宜种植范围 广西中部、南部、北部,广东东部、西部、北部,湖南南部,江西南部,贵州东南部油茶适生栽培区。

(a)树形

(b)结果枝

(c)花

(d)叶片

图18-11 '岑软2号'

12 '义禄'

学　名 *Camellia osmantha* 'Yilu'

良种编号 桂 S-SC-CO-015-2022

品种特性 抗旱性强，耐强光、高温，抗炭疽、根结线虫等病虫害。小乔木，植株生长势强，树型圆柱形。新梢为红色。叶为小叶，长椭圆形，叶齿密。花期：11 月至翌年 2 月初，花白色。果为小果，黄绿色，球形。主要鉴别特征：叶片长椭圆形，叶尖较长（图 18-12）。

配置模式 香花油茶无性系'义丹''义臣''义雄''义娅''义轩'。

经济性状 5 年生单株产果量 9kg 以上，每公顷产油可以超过 1141.2kg，盛产期每公顷产油能达到 1981.2kg；鲜出籽率 54.8%，干籽出仁率 59.06%，干仁含油率 44.7%。

栽培技术要点 根据地形建议栽植密度为 53~83 株/亩，按上述配置模式行状或小面积混栽。

适宜种植范围 广西北回归线南部及两侧，以及其他气候相似地区油茶适生栽培区。

（a）树形　　（b）结果枝　　（c）花　　（d）果实

图 18-12 '义禄'

13 '义臣'

学　名 *Camellia osmantha* 'Yichen'
良种编号 桂 R-SC-CO-002-2021

品种特性 抗旱性强，耐强光、高温，抗炭疽、根结线虫等病虫害。小乔木植株生长势强，树形圆柱形。新梢为红色。叶片茂密，小叶，椭圆形。花期：11月至翌年1月底，花白色。果为小果，绿色，倒卵球形。主要鉴别特征：植株叶片茂密，小果倒卵球形；新梢红色（图18-13）。

配置模式 香花油茶无性系'义禄''义丹''义雄''义娅''义轩'。

经济性状 5年生单株产果量10kg以上，每公顷产油可以超过1741.2kg，盛产期每公顷产油能达到1981.2kg；鲜出籽率63.71%，干籽出仁率59.48%。

栽培技术要点 根据地形建议栽植密度为53~83株/亩，按上述配置模式行状或小面积混栽。

适宜种植范围 广西北回归线南部及两侧，以及其他气候相似地区油茶适生栽培区。

（a）树形　（b）新梢　（c）花　（d）果实

图18-13 '义臣'

18.1.5 赣无和赣州油系列主栽品种

赣无系列和赣州油系列主推品种是指由江西省林业科学院选育的'赣无2''赣兴48'以及赣州市林业科学研究所选育的'赣州油1号'等3个油茶栽培品种。

14 '赣无2'

学 名 *Camellia oleifera* 'Ganwu 2'

良种编号 国 S–SC–CO–026–2008

品种特性 适应性较广，抗性强。长势较弱，树体矮壮，株型自然圆头型。粗枝，枝条硬。叶子稀疏，矩圆形，侧脉不明显。花期：始花期10月下旬，花期长，20天。果个大，果近球形，红绿色。主要鉴别特征：枝叶较稀疏，叶片黄绿色、阔卵形、叶柄基部圆形；果近球形，成熟时红色或青中带红，果顶部嵌有3~5条凹槽（图18–14）。

配置模式 与'赣石83–4''赣兴48'配置时，'赣无2''赣石83–4''赣兴48'分别占50%、25%、25%；与'长林53号''长林4号'配置时，3个品种分别占40%、40%与20%。

经济性状 6年生单株产果量5kg以上，每公顷产油可以超过375kg，盛产期每公顷产油能达到950kg；干籽出仁率56.42%，干仁含油率44.18%；油酸含量83.7%，亚油酸含量7.09%。

栽培技术要点 早期适当密植，盛产期后适时调整密度，按上述配置模式行状或小面积混栽。主干不明显，栽植2年定干，3年实施整形修剪，以培育成'自然开心型'为主。产量高，消耗大，适时追肥，保障营养供给。

适宜种植范围 江西，湖南，湖北南部，安徽南部，福建东部、北部和西部，贵州东部，重庆东南部，四川南部，河南南部油茶适生栽培区。

（a）树形　　　　（b）结果枝　　　　（c）花　　　　（d）树苗

图18–14 '赣无2'

15 '赣兴48'

学　名 *Camellia oleifera* 'Ganxing 48'

良种编号 国 S-SC-CO-006-2007

品种特性 适应性较广，抗性强。长势较旺，树体紧凑，株型自然圆头形。细枝，枝叶繁茂，叶片上斜着生，椭圆形。花期：始花期10月下旬，花期长，40天。果中等，近球形，红色。主要鉴别特征：叶片小而密，具细锯齿；果实中等、圆球状、簇生，果面一侧扁平，红色富有光泽（图18-15）。

配置模式 与'赣无2''赣石83-4'配置时，'赣石83-4''赣无2''赣兴48'分别占50%、25%、25%；与'赣无2''赣无1'配置时，'赣兴48''赣无2''赣无1'分别占40%、40%、20%。

经济性状 6年生单株产果量5kg以上，每公顷产油可以超过450kg，盛产期每公顷产油能达到1050kg；干籽出仁率66.97%，干仁含油率48.17%；油酸含量80.28%，亚油酸含量8.81%。

栽培技术要点 早期适当密植，盛产期后适时调整密度，按上述配置模式行状或小面积混栽。主干明显，枝叶浓密，栽植2年定干，3年实施整形修剪，剪去下脚枝，控制树势，合理配置骨干枝，培养主干树形，方便人工作业，适合机械作业。

适宜种植范围 江西，湖南，湖北南部，安徽南部，福建东部、北部和西部，贵州东部，重庆东南部，四川南部，河南南部油茶适生栽培区。

（a）树形　　　　　　　　　（b）结果枝

（c）花　　　　　　　　　　（d）树苗新梢

图18-15 '赣兴48'

16 '赣州油1号'

学　名 *Camellia oleifera* 'Ganzhouyou 1'

良种编号 国 S-SC-CO-014-2008

品种特性 适应性较广，抗性较强。树体直立，株型紧凑。粗枝，枝条硬。叶子浓密，椭圆形。花期：始花期11月初，花期20天。果球形，果皮青色。主要鉴别特征：叶色深，叶片软厚革质有磨砂感，果实基部与果柄连接处微凸，果脐略微收缩凹陷，有5~8条凹槽（图18-16）。

配置模式 '赣州油7号''赣州油10号''林53号''华金''华硕'等。与'赣州油7号''赣州油10号'搭配时，'赣州油1号''赣州油7号''赣州油10号'分别占40%、25%、35%。与'长林53号''华金''华硕'搭配时，'赣州油1号''长林53号''华金''华硕'分别占20%、25%、30%、25%。

经济性状 6年生单株产果量4kg以上，每公顷产油可以超过300kg，盛产期每公顷产油能达到819kg；干籽出仁率57.2%，干仁含油率46.8%；油酸含量82.15%，亚油酸含量6.7%。

栽培技术要点 尤其是前期注意以打顶和回缩徒长枝为主，促进侧枝生长。

适宜种植范围 江西、广东、福建、广西等南方油茶适生栽培区。

（a）树形　　　　　　　　　　（b）叶片

（c）花　　　　　　　　　　（d）果实

图18-16 '赣州油1号'

18.2 区域性推荐品种

区域性推荐品种是指 2022 年国家林业和草原局发布的 65 个各区域油茶推荐品种。见表 18-1。

表 18-1　区域性推荐品种和配置品种

序　号	品种名称	良种编号	适宜栽植区域	配置品种
1	'长林 3 号'	国 S-SC-CO-005-2008	安徽大别山南麓、江西、重庆中部和东南部、四川（乐山市、泸州市、雅安市、内江市）	安徽（'长林 40 号''长林 4 号'）、江西和重庆（'长林 4 号''长林 53 号''长林 40 号'）、四川（'长林 40 号'）
2	'长林 18 号'	国 S-SC-CO-007-2008	安徽大别山北麓、河南南部、重庆中部和东南部、陕西南部	安徽（'大别山 1 号''长林 55 号'）、河南（'长林 23 号''长林 55 号'）、重庆（'长林 23 号''长林 53 号'）、陕西（'长林 55 号''长林 3 号''长林 23 号'）
3	'黄山 1 号'	皖 S-SC-CO-002-2008	安徽南部	'黄山 2 号''黄山 3 号'
4	'大别山 1 号'	皖 S-SC-CO-022-2014	安徽大别山北麓	'长林 18 号''长林 55 号'
5	'油茶闽 43'	闽 S-SC-CO-005-2008	福建	'闽杂优 22''闽杂优 3''闽杂优 20''闽油 1''闽油 2''闽油 3'
6	'油茶闽 48'	闽 S-SC-CO-006-2008	福建	'闽 20''闽 79''闽杂优 20''闽油 3'
7	'油茶闽 60'	闽 S-SC-CO-007-2008	福建	'闽 20''闽 79''闽 43''闽 48''闽油 1'
8	'普通油茶闽 79'	闽 S-SC-CO-007-2011	福建	'闽油 2''闽 48''闽 60'
9	'闽杂优 22'	闽 S-SC-CO-021-2019	福建	'闽 43''闽油 1''闽杂优 3''闽杂优 20''闽油 2'

续表

序　号	品种名称	良种编号	适宜栽植区域	配置品种
10	'闽油 1'	闽 S–SC–CO–040–2020	福建	'闽 43''闽杂优 22''闽油 2''闽杂优 3''闽 20'
11	'闽油 2'	闽 S–SC–CO–041–2020	福建	'闽油 1''闽杂优 22''闽 43''闽杂优 3''闽杂优 20''闽 48''闽 79'
12	'浙林 2 号'	浙 S–SC–CO–012–1991	浙江西南部	'浙林 6 号''浙林 8 号''浙林 10 号'
13	'浙林 6 号'	浙 S–SC–CO–005–2009	浙江西南部	'浙林 2 号''浙林 8 号''浙林 10 号'
14	'浙林 8 号'	浙 S–SC–CO–007–2009	浙江西南部	'浙林 6 号''浙林 2 号''浙林 10 号'
15	'浙林 10 号'	浙 S–SC–CO–009–2009	浙江西南部	'浙林 6 号''浙林 8 号''浙林 2 号'
16	'赣石 83–4'	国 S–SC–CO–025–2008	江西	'赣无 2''赣兴 48'
17	'赣无 1'	国 S–SC–CO–007–2007	江西	'赣无 2''赣兴 48'
18	'赣州油 7 号'	国 S–SC–CO–017–2008	江西	'赣州油 1 号'
19	'豫油 1 号'	豫 S–SV–CO–011–2018	河南南部	'豫油 2 号''长林 40 号''长林 18 号'
20	'鄂林 151'	鄂 S–SC–CO–016–2002	湖北	'鄂油 81 号''长林 18 号'
21	'鄂林 102'	鄂 S–SC–CO–017–2002	湖北	'鄂油 81 号''长林 4 号''长林 40 号'
22	'湘林 97 号'	国 S–SC–CO–019–2009	湖南	'湘林 67''湘林 78 号''德字一号'
23	'衡东大桃 39 号'	湘 S–SC–CO–004–2012	湖南	'衡东大桃 2 号''湘林 78'
24	'德字一号'	湘 S0901–Co2	湖南东部和北部	'华金''湘林 210 号''长林 53 号'
25	'常德铁城一号'	湘 S0801–Co2	湖南北部	'华金''长林 53 号''德字一号'

序　号	品种名称	良种编号	适宜栽植区域	配置品种
26	'粤韶 75-2'	粤 S-SC-CO-019-2009	广东北部	'粤韶 77-1'
27	'粤连 74-4'	粤 S-SC-CO-021-2009	广东北部	'粤连 74-5'
28	'粤韶 77-1'	粤 S-SC-CO-020-2009	广东北部	'粤韶 75-2'
29	'粤韶 74-1'	粤 S-SC-CO-018-2009	广东北部	'粤韶 77-1'
30	'岑软 22 号'	桂 S-SC-SO-002-2016	广西	'岑软 2 号''岑软 3 号'
31	'岑软 24 号'	桂 S-SC-SO-003-2016	广西	'岑软 2 号''岑软 3 号'
32	'岑软 11 号'	桂 S-SC-SO-001-2016	广西	'岑软 2 号''岑软 3 号'
33	'岑软 3-62'	桂 S-SC-SO-011-2015	广西	'岑软 3 号''岑软 24 号'
34	'义丹'香花油茶	桂 R-SC-SO-009-2019	广西中南部	'义禄''义臣'香花油茶
35	'义雄'香花油茶	桂 R-SC-SO-003-2021	广西中南部	'义禄''义丹'香花油茶
36	'义娅'香花油茶	桂 R-SC-SO-004-2021	广西中南部	'义轩'香花油茶
37	'义轩'香花油茶	桂 R-SC-SO-005-2021	广西中南部	'义娅'香花油茶
38	'琼东 2 号'越南油茶	琼 S-SC-CO-001-2021	海南北部和中部	'琼东 9 号'越南油茶
39	'琼东 8 号'越南油茶	琼 S-SC-CO-002-2021	海南北部和中部	'琼东 6 号'越南油茶
40	'琼东 9 号'越南油茶	琼 S-SC-CO-003-2021	海南北部和中部	'琼东 2 号'越南油茶
41	'江安 -1'	川 S-SC-CO-001-2017	四川东南部	'江安 -54''翠屏 -15''翠屏 -16'
42	'江安 -54'	川 S-SC-CO-002-2017	四川东南部	'江安 -1''翠屏 -15''翠屏 -16'

续表

序　号	品种名称	良种编号	适宜栽植区域	配置品种
43	'翠屏 –15'	川 S–SV–CO–003–2018	四川东南部	'江安 –1''江安 –54''翠屏 –16'
44	'翠屏 –16'	川 S–SV–CO–004–2018	四川东南部	'江安 –1''江安 –54''翠屏 –15'
45	'川荣 –153'	川 S–SC–CO–004–2019	四川东南部	'川荣 –156'
46	'川荣 –156'	川 S–SV–CO–005–2018	四川东南部	'川荣 –153'
47	'黔油 1 号'	黔 R–SC–CO–005–2016	贵州西南部	'黔油 2 号''黔油 3 号''黔油 4 号'
48	'黔油 2 号'	黔 R–SC–CO–006–2016	贵州西南部	'黔油 1 号''黔油 3 号''黔油 4 号'
49	'草海 1 号'	黔 R–SV–CW–001–2021	贵州西北部海拔1800~2400m 地区	'草海 2 号'
50	'草海 4 号'	黔 R–SV–CP–007–2021	贵州西北部海拔1800~2400m 地区	'草海 5 号'
51	'云油 3 号'	云 S–SV–CO–002–2016	云南东南部	'云油 4 号''云油 9 号'
52	'云油 4 号'	云 S–SV–CO–003–2016	云南东南部	'云油 3 号''云油 9 号'
53	'云油 9 号'	云 S–SV–CO–004–2016	云南东南部	'云油 3 号''云油 4 号'
54	'云油 13 号'	云 S–SV–CO–005–2016	云南东南部	'云油 3 号''云油 4 号'
55	'云油 14 号'	云 S–SV–CO–006–2016	云南东南部	'云油 3 号''云油 4 号'
56	'腾冲 1 号'滇山茶	云 S–SC–CR–010–2014	云南西部	'腾冲 5 号''腾冲 6 号'滇山茶
57	'腾冲 7 号'滇山茶	云 R–SC–CR–027–2021	云南西部	'腾冲 1 号''腾冲 5 号'滇山茶
58	'腾冲 9 号'滇山茶	云 R–SC–CR–029–2021	云南西部	'腾冲 1 号''腾冲 5 号'滇山茶
59	'德林油 4 号'	云 S–SC–CO–023–2020	云南盈江	'盈林油 6 号''盈林油 8 号'油茶

续表

序　号	品种名称	良种编号	适宜栽植区域	配置品种
60	'盈林油 6 号'	云 R-SC-CO-049-2020	云南盈江	'盈林油 8 号''德林油 4 号'油茶
61	'秦巴 1 号'	陕 S-SC-CQ-015-2021	陕西南部	'长林 3 号''长林 23 号'
62	'汉油 7 号'	陕 S-SC-CH-008-2016	陕西南部	'长林 3 号''长林 23 号'
63	'汉油 10 号'	陕 S-SC-CH10-009-2016	陕西南部	'长林 3 号''长林 23 号'
64	'亚林所 185 号'	陕 S-ETS-CY-010-2016	陕西南部	'长林 3 号''长林 23 号'
65	'亚林所 228 号'	陕 S-ETS-CY228-011-2016	陕西南部	'长林 3 号''长林 23 号'

18.3 各区域油茶主推品种和推荐品种

按照油茶栽培区划，各区域油茶主推和推荐品种基本情况见表 18-2。

表 18-2　各区域油茶主推品种和推荐品种

序号	区域	涉及范围	适宜种植品种	
			主推品种	推荐品种
1	中部栽培区	湖南全省	'华鑫''华金''华硕''湘林 XLC15''湘林 1''湘林 27 号''长林 53 号''长林 40 号''长林 4 号'	'湘林 97 号''衡东大桃 39 号''德字一号''常德铁城一号'
		江西全省	'长林 53 号''长林 4 号''长林 40 号''华鑫''华金''华硕''湘林 XLC15''湘林 1''湘林 27 号''赣无 2''赣兴 48''赣州油 1 号'	'长林 3 号''赣石 83-4''赣无 1''赣州油 7 号'
		湖北全省	'长林 53 号''长林 4 号''长林 40 号''华鑫''华金''华硕''湘林 XLC15''湘林 1'	'鄂林油茶 151''鄂林油茶 102'
		安徽南部	'长林 53 号''长林 4 号''长林 40 号'	'黄山 1 号'
2	东部栽培区	浙江西南部	'长林 53 号''长林 4 号''长林 40 号'	'浙林 2 号''浙林 6 号''浙林 8 号''浙林 10 号'

序号	区域	涉及范围	适宜种植品种	
			主推品种	推荐品种
2	东部栽培区	福建中部、西部、北部	'长林53号''长林4号''长林40号''湘林XLC15''湘林1''赣州油1号'	'闽43''闽48''闽60''闽79''闽杂优22''闽油1''闽油2'
3	南部栽培区	广西中部、南部和北部	'岑软3号''岑软2号''华鑫''华金''华硕''长林53号''长林4号''长林40号''湘林XLC15''湘林1''湘林27号''赣州油1号''义禄''义臣'香花油茶	'岑软22号''岑软24号''岑软11号''岑软3-62号''义丹''义雄''义娅''义轩'香花油茶
		广东东部、西部和北部	'岑软3号''岑软2号''长林53号''长林4号''长林40号''华鑫''华金''华硕''湘林XLC15''湘林1''湘林27号''赣无2''赣兴48''赣州油1号'	'粤韶75-2''粤连74-4''粤韶77-1''韶74-1'
4	西南栽培区	四川南部和东部	'华鑫''华金''华硕''长林53号''长林4号''长林40号''湘林XLC15''湘林1''湘林27号'	'江安-1''江安-57''翠屏-15''翠屏-16''川荣-153''川荣-156''长林3号'
		重庆东南部和中部	'长林53号''长林4号''长林40号''华鑫''华金''华硕''湘林XLC15''湘林1''湘林27号'	'长林3号''长林18号'
		贵州东部、南部、西南部	'长林53号''长林4号''长林40号''华鑫''华金''华硕''湘林XLC15''湘林27号''岑软3号''岑软2号'	'黔油1号''黔油2号'
5	云贵高原栽培区	云南西部、东南部	无国审品种	'云油3号''云油4号''云油9号''云油13号''云油14号''腾冲1号''腾冲7号''腾冲9号''德林油4号''盈林油6号'
		贵州西北部	无国审品种	'草海1号''草海4号'
6	北部栽培区	河南南部	'长林53号''长林4号''长林40号''华鑫''华金''湘林XLC15''湘林1'	'长林18号''豫油1号'

序　号	区　域	涉及范围	适宜种植品种	
			主推品种	推荐品种
6	北部栽培区	安徽大别山区	'长林53号' '长林4号' '长林40号'	'大别山1号' '长林18号' '长林3号'
		陕西南部	'长林53号' '长林4号' '长林40号' '湘林XLC15' '湘林1'	'秦巴1号' '长林18号' '汉油7号' '汉油10号' '亚林所185号' '亚林所228号'
7	海南栽培区	海南北部和中部	无国审品种	'琼东2号' '琼东8号' '琼东9号' 越南油茶

（撰稿人：钟秋平、晏巢、曹林青，中国林业科学研究院亚热带林业实验中心；

谭晓风、袁德义、李建安、袁军、李泽，中南林业科技大学；

陈永忠，湖南省林业科学院；

龚春，江西省林业科学院；

姚小华、王开良，中国林业科学研究院亚热带林业研究所；

魏本柱，赣州市林业科学研究所；

马锦林、叶航，广西壮族自治区林业科学研究院；

李志真，福建省林业科学研究院；

邓先珍、程军勇、杜洋文，湖北省林业科学研究院；

程诗明、韩素芳，浙江省林业科学研究院；

许杰，贵州省林业科学院；

张运斌，黄山市林业科学研究所；

束庆龙，安徽农业大学；

徐德兵，云南省林业和草原科学院油茶研究所；

谢胤，云南省保山市腾冲市林业和草原技术推广站；

冯纪福，国家林业局油茶办技术组专家；

张应中，广东省林业科学研究院；

殷国兰，四川林业科学研究院；

罗发涛，陕西省汉滨区林业局；

李良厚，河南省林业科学研究院）